河南省科学技术协会科普出版资助·中原科普书系

河南省"四优四化"科技支撑行动计划丛书

优质山药标准化生产技术

段敬杰　文　艺　刘玉霞　主编

中原农民出版社

·郑州·

图书在版编目（CIP）数据

优质山药标准化生产技术 / 段敬杰，文艺，刘玉霞主编． —郑州：中原农民出版社，2022.12（2023.6重印）

ISBN 978-7-5542-2722-0

Ⅰ．①优… Ⅱ．①段… ②文… ③刘… Ⅲ．①山药-栽培技术-标准化 Ⅳ．①S632.1-65

中国国家版本馆CIP数据核字（2023）第018185号

优质山药标准化生产技术
YOUZHI SHANYAO BIAOZHUNHUA SHENGCHAN JISHU

出 版 人：刘宏伟
策划编辑：段敬杰
责任编辑：苏国栋
责任校对：张晓冰
责任印制：孙　瑞
封面设计：奥美印务

出版发行：中原农民出版社
　　　　　地址：郑州市郑东新区祥盛街 27 号　　邮编：450016
　　　　　电话：0371-65788651（编辑部）　　0371-65713859（发行部）
经　　销：全国新华书店
印　　刷：徐州绪权印刷有限公司
开　　本：889 mm×1194 mm　1/16
印　　张：8.5
字　　数：197 千字
版　　次：2023 年 3 月第 1 版
印　　次：2023 年 6 月第 2 次印刷
定　　价：45.00 元

如发现印装质量问题，影响阅读，请与印刷公司联系调换。

编 委 会

致 谢

中国科协科技助力精准扶贫科技服务项目［B-16-128-17（03）］支持出版

目　录

一、概　述

山药，又叫大薯、薯蓣、佛掌薯，是薯蓣科薯蓣属一年生或多年生草本植物（图1-1至图1-3）。山药有10属650种，广布于全球的温带和热带地区。

图1-1　山药地上部

图1-2　山药地下块茎

图1-3　山药豆（零余子）

山药是我国原产的古老蔬菜，被栽培与利用的时间极早，在《山海经》《齐民要术》《本草衍义》《图经本草》《新修本草》《本草纲目》等典籍中均有记载，《神农本草经》列山药为上品药材。山药的地下块茎是主要的食用部分，营养丰富，药食兼用，是国家原卫生部（现为中华人民共和国国家卫生健康委员会）2012 年首批公布的 87 种药食同源的滋补食品之一，有补脾、养胃、生津、益肺、补肾的功效。山药适应性与繁衍性强，不通过有性阶段的生活也能繁衍后代，即无性繁殖。块茎形状有棒状、长杵棒状、圆筒状、纺锤状、掌状或团块状，表面密生须根（图 1-4 至图 1-7）；外皮有土黄、红褐、黑褐、紫红等色泽；剖开可见肉白色或淡紫色，有黏液。

图 1-4　棒状块茎

图 1-5　长杵棒状块茎

图 1-6　圆筒状块茎

图 1-7　团块状块茎

（一）世界山药行业发展现状

山药分布极广，遍及热带、亚热带及其他地区，物种十分繁杂，栽培生产方式因地区或品种而异。根据联合国粮食及农业组织（FAO）数据显示，2014~2019年全球山药种植面积见表1-1。

表1-1　2014~2019年全球山药种植面积

年份	2014	2015	2016	2017	2018	2019
种植面积/万公顷	763.55	781.23	831.75	848.18	869.07	897.84

根据联合国粮食及农业组织（FAO）数据显示，2014~2019年，全球山药产量呈波动增长趋势，到2019年，全球山药产量达7 372万吨，同比增长1.57%。目前，尼日利亚是全球最大的山药生产国。2014~2019年全球山药产量见表1-2。

表1-2　2014~2019年全球山药产量

年份	2014	2015	2016	2017	2018	2019
产量/万吨	6 330.5	6 906.8	7 370.6	7 304.6	7 258.1	7 372.0

山药作为高产及高营养的蔬菜品种，选育优良新品种，并研发其栽培技术，同时开发多元化新产品，符合目前的农业政策，有助于提高农民的经济收入。

（二）我国山药产区分布

山药在我国分布极为广泛，全国各地均有栽培。主产区在河南省，优质产区在河南省，产量最大的地区也在河南省。国内有三种山药已申请了国家地理标志保护产品：一种是"铁棍山药"，产地为河南省焦作市温县；一种是"陈集山药"，产地为山东省菏泽市陈集镇，包括"鸡皮糙山药"和"西施种子山药"；一种为"佛手山药"，产地为湖北省武穴。另外，江西省瑞昌市南阳乡的山药也申请了国家地理标志保护产品。我国山药五大产区分布见表1-3。

表1-3 我国山药五大产区分布

产区	辖地
东北地区	辽宁、吉林、河北北部、内蒙古的东北部
华南地区	台湾、海南、广东、广西、云南、贵州、江西、福建
华中地区	长江流域、淮河流域和四川盆地等广大地区
华北地区	山东、山西、河南、河北、江苏北部、安徽北部、陕西的部分地区
西北地区	新疆、甘肃和内蒙古的西部地区

（三）优质山药的概念

优质山药是指"好看、好吃、营养、安全"的商品山药，只有符合这八个字的山药商品，才是优质山药。

1. 营养成分及保健功效

1）营养成分 据中国科学院化验检测分析结果显示，山药富含淀粉、黏液质、皂苷、氧基丁酸、多巴胺、蛋白质、胆碱、维生素 C、甘露聚糖、谷氨酸、酪氨酸、丙氨酸等多种营养物质和铁、锌、锰、钴、铜等 20 余种元素。

2）保健功效 山药有健脾益胃、补肾益气、健脾补虚、固肾益精、益心安神等作用。中医治疗虚劳消渴处方中常有山药单味使用，或与其他药物合用。山药的营养成分有诱导产生干扰素，增强人体免疫功能的作用。山药所含胆碱和卵磷脂，有助于提高人的记忆能力；糖蛋白能预防心血管系统脂肪沉积，保持血管弹性，防止动脉粥样硬化，减少皮下脂肪沉积；多巴胺能有效扩张血管，改善血液循环；山药所含皂苷能防止冠心病和脂肪肝的发生；果胶能增强 T 淋巴细胞的活性，提高网状内皮系统的吞噬能力，增强机体免疫功能，抑制肿瘤细胞繁殖。故山药可作为抗肿瘤和放疗、化疗及术后体虚的辅助药物，被收入《抗癌中草药大辞典》。山药有滋养皮肤、健美养颜的独特功效。山药中的铜离子与结缔组织对人体发育有极大的帮助，对血管系统疾病有明显疗效。铁棍山药中的钙对伤筋损骨、骨质疏松、牙齿脱落有很好的疗效；对冻疮、糖尿病、肝炎、小儿泄泻、遗尿有很好的疗效，久用可耳聪目明，延年益寿。

（1）健脾益胃、助消化 山药含有淀粉酶、多酚氧化酶等物质，有利于脾胃消化吸收功能，是一味平补脾胃，药食两用的作物。不论脾阳亏或胃阴虚，皆可食用。临床上常用于治疗脾胃虚弱、食少体倦、泄泻等病症。

（2）固肾益精　山药含有多种营养成分，有强健机体、固肾益精的作用。大凡肾亏遗精、妇女白带多、小便频数等症，皆可服用。

（3）益肺止咳　山药含有皂苷、黏液质，有润滑、滋润的作用，故可益肺气，养肺阴，治疗肺虚久咳病症。

（4）降低血糖　山药含有黏液蛋白，有降低血糖的作用，可用于治疗糖尿病，是糖尿病患者的食疗佳品。

（5）延年益寿　山药含有大量的黏液蛋白、维生素及微量元素，能有效阻止血脂在血管壁的沉着，预防心血管疾病，取得益志安神、延年益寿的功效。

（6）抗肝性昏迷　近年研究发现山药具有镇静作用，可用来抗肝性昏迷。

2.适用人群　一般人群均可食用。适宜糖尿病患者，腹胀、病后虚弱患者，慢性肾炎、长期腹泻患者。

3.注意事项　山药与甘遂不要一同食用，也不可与碱性药物同服。山药有收涩的作用，故大便燥结的患者不宜食用；另外有实邪的患者忌食山药。

（四）标准化的概念

按照国际标准化组织的定义，标准化是为了在一定范围内获得最佳秩序，对现实问题或潜在问题制定共同使用和重复使用条款的活动，包括了标准制定、发布和实施的全过程。

1.山药标准化生产的概念　山药标准化生产，其内涵就是指山药生产经营活动要以市场为导向，建立规范化的工艺流程和衡量标准，制定的以国家标准为基础，行业标准、地方标准和企业标准相配套的产前、产中、产后全过程系列标准的总和。山药标准化生产主要是指品种及种子的规格、质量、等级要求，生产及管理技术要求，产品质量及卫生要求等。

2.山药安全生产国家标准

① GB/T 8321（所有部分）《农药合理使用准则》。

② NY/T 496—2010《肥料合理使用准则　通则》。

温馨提示

限于篇幅，各标准不再在本书叙述，如有需要，请登录国家标准网查询。

（五）影响优质山药标准化生产的环境因素与治理策略

对山药产品质量影响较大的环境因素是来自现代工业生产排放的废渣、废气、废液（以下简称工业"三废"），以及重金属、化学农药、化肥对土壤、水、空气等生态环境造成的污染。这些污染直接或间接影响着山药生长，有的甚至可直接造成山药的死亡。多数情况下，山药生长虽未受到明显的影响，但所收获的产品却因含有超过国家规定含量标准的有害物质，使消费者造成慢性中毒，给人们的身体健康带来危害，甚至威胁到生命安全。这就要求我们应对污染有充分的了解，并制定相关的管理措施及防治策略，以保证山药生产的安全性，从而与国际接轨，为山药产品的出口创造良好的条件。

1. 工业"三废"和生活垃圾对土壤的危害途径与治理策略

1）危害途径　随着工业化的迅速发展，工业"三废"对环境的污染越来越严重，对人类的生活造成了直接和间接的危害。工业"三废"多含有大量的二氧化硫、氮、汞、氟化物、镉、铅、砷、铜、锌等。山药种植在被污染的土壤中，在被污染的空气环境中生长，并浇灌着被污染的水，可以造成山药富集几倍以上的重金属和有害物质。

生活垃圾及废弃物种类繁多，难以统计，如破碎的玻璃、用过的塑料包装、废纸、烂菜叶。这些生活垃圾置入农田，既污染周围的土壤和空气，又污染水源。随意丢弃到田间或随垃圾施入大田土壤中的塑料废弃物，很不容易被降解。同时自然降解所产生的化学物质和气体对土壤、空气和水会造成严重污染，或者潜在的长期污染，直接破坏农业生态环境平衡，威胁人类的健康。这些垃圾有些是含有山药生长需要的营养物质，但如将未经过处理的垃圾用作肥料，会使土壤的物理结构发生很大的而且是不适合山药生长的变化，使山药生长受到限制和影响，导致山药品质下降，产量降低。

2）治理策略　优质山药种植用地必须没有这些有害杂物的存在。治理土壤污染最有力的措施就是控制污染源。对工业"三废"要严加控制，并进行净化处理。化学农药的控制最重要的是提高病虫害的预防意识，把病虫害尽可能控制在发生前，减少病虫害的发生，一旦出现病虫害要及早治理，尽量减少化学农药的使用，提倡生物防治，减少农药对土壤的污染。提倡使用农家肥，减少化肥的使用，对不合格的化肥要严禁使用，对氮、磷、钾和微生物肥料等要科学地配合使用。

对土壤也要定时、定点进行检测，预防重金属和有毒物质对土壤的污染。对已经污染的土壤可采用深耕、换土、增施有机肥或绿肥等方法进行治理。但是治理难度很大，特别是大面积的土壤，需要大量的人力、财力和时间。对一些排污量较大的企业，要求按照有关要求进行限制和改造，严格把好各种污染源的源头，使污染降低到最小限度。

预防才是治理污染最根本的措施。如对农药的施用，要严格遵守无公害山药的农药使用规范，禁止使用对人畜有危害的农药，推广应用生物防治等技术。

采用氧化塘法可起到较好地治理水污染的作用。这种方法简单易行，是将污水停留在池塘或蓄水池几天到几十天，利用水中生活的生物将污水净化。有资料显示，利用这种方法可清除污水中90%以上的有机磷类农药。

3）产地土壤环境质量指标　生产优质无公害山药产品的土壤环境质量，必须符合表1-4规定的指标。

表1-4　土壤环境质量指标

项目	含量限值		
pH	> 6.5	6.5~7.5	< 7.5
镉/（毫克/千克）	≤ 0.30	0.30	≤ 0.60
汞/（毫克/千克）	≤ 0.30	≤ 0.50	≤ 1.00
砷/（毫克/千克）	≤ 40	≤ 30	≤ 25
铅/（毫克/千克）	≤ 250	≤ 300	≤ 350
铬/（毫克/千克）	≤ 150	≤ 200	≤ 250
铜/（毫克/千克）	≤ 50	≤ 100	≤ 100

4）城镇垃圾农用控制标准　见表1-5。

表1-5　城镇垃圾农用控制标准

项目	标准限制
杂物/%	≤ 3
粒度/厘米	≤ 12
蛔虫死亡率/%	95~100
大肠菌值	0.00~0.1
总镉/（以镉计，毫克/千克）	≤ 3
总汞/（以汞计，毫克/千克）	≤ 5
总铅/（以铅计，毫克/千克）	≤ 100
总铬/（以铬计，毫克/千克）	≤ 300
总砷/（以砷计，毫克/千克）	≤ 30
有机质/（以碳计，%）	≥ 0.5

项目	标准限制
总氮 /（以氮计，毫克 / 千克）	≥ 0.5
总磷 /（以五氧化二磷计，毫克 / 千克）	≥ 0.3
总钾 /（以氧化钾计，毫克 / 千克）	≥ 1.0
pH	6.5~8.5
水分 /%	25~35

2. 水污染的危害途径与治理策略 污水中有毒物质的种类较多，其中常见的危害较大的物质有酚、氯等。不同的有毒物质对山药有不同的危害，如水中有毒物质的含量过高会使山药的生长受阻，使山药的品质变差，产品口味不佳。

1）危害途径 土壤中的水里，存在的氮素物质可分为无机态氮和有机态氮两类，但是无论哪一种，只要是含量大，都会对山药造成危害，使山药生长受到不同程度的限制，一般会出现山药贪青、徒长、病虫害多发、早衰等情况。一些有机物质在土壤中经分解后会使土壤的环境发生很大的改变，使山药的生长受阻或引起病害等。一些工业排泄的废物，特别是开矿、冶炼等的排污，经常含有大量的重金属，如铜、锌、镉、砷等，不但影响山药的生长，还使一些有毒物质蓄积在山药体内，严重影响山药的质量。山药生长环境的多个环境因子彼此有着不能分割的联系，农药对山药的生长环境的影响也不是单一的。水中农药的来源主要是在向山药喷洒农药的同时，会有不同程度的农药洒落在土地上，随着降水土壤中的农药通过淋渗作用汇入地下水和地表水流向河流、湖、海。另外，对某些地下害虫常采取在土壤中直接撒施农药的方法，或在灌溉水中直接施药，在水中的农药可以随水的流向而广泛散播，会加大农药对水和土壤的污染范围。

据调查，目前许多地方的地下水和地表水受到不同程度的污染。如果使用了污染水灌溉，生产的山药产品就会含有有害物质。目前城市附近很多农田由于使用城市污水浇灌，因而使产品受到污染，消费者食用后会对身体健康造成严重影响。同时污水中往往氮素含量过高，导致山药地上部与地下部生长失调，贪青晚熟，出现地上叶多贪青，而地下块茎较小的现象。长期用污水浇地会使土壤板结，影响山药根系吸收，病虫害加重，导致产品质量降低。

2）治理策略 根据《中药材生产质量管理规范》的要求，山药的种植基地灌溉水应符合灌溉水质标准。对灌溉水等要经常定期、定点进行检测，严格执行对灌溉水的具体要求。水污染的问题是直接影响着山药生长的大问题，解决这一问题的关键是预防，其次是治理。预防的关键是认识到不同污染物的危害，对不同污染源进行设障把关。

3）产地灌溉水质量指标 见表 1-6。

表1-6 产地灌溉水质量指标

项目	含量限值
pH	5.5~8.5
化学需氧量/（毫克/升）	≤ 150
总汞/（毫克/升）	≤ 0.01
总镉/（毫克/升）	≤ 0.005
总砷/（毫克/升）	≤ 0.2
总铅/（毫克/升）	≤ 0.10
铬（六价）/（毫克/升）	≤ 0.10
氟化物/（毫克/升）	≤ 2.00
氰化物/（毫克/升）	≤ 0.50
石油类/（毫克/升）	≤ 1.00
粪大肠菌群数/（个/升）	≤ 10 000

3. 空气污染的危害途径与治理策略 随着人类活动的频率加快和工业生产的日益发展，对空气质量产生的影响也在日益加强，如汽车尾气的大量排放，工厂废气、有害气体的排放，不同类型的燃烧排出的烟尘等，使空气质量在逐渐下降。人类对空气污染的最直接感觉是空气混浊，能见度降低，不仅使人体感觉不舒服，还造成气候多变，出现多雾、多雨。

1）危害途径 空气污染是指空气中污染物浓度达到或超过了国家标准，影响自然生态系统和人们正常生活，对人们身体健康构成威胁的现象。造成空气污染的因素有许多种：有自然因素，如火灾等；有人为因素，如工业废气、汽车尾气、燃煤等。空气污染是使空气辐射发生不平衡改变的一个重要原因，是导致地球温室效应，使地球表面温度升高的重要因素之一。排放到空气中的污染物也可能使空气形成酸雨，酸雨的形成又是导致某些土壤酸化的重要原因。空气中的有害物质和气体不相同，对山药的影响也不相同。空气有害物质可导致山药黄化、白化、坏死等，也可使山药生长发育不良、生长缓慢等。氟、氟化氢等可以抑制山药的新陈代谢，高浓度的氟化物可导致山药组织坏死，低浓度氟化物可使山药黄化；氯化物被山药吸收后可使叶绿素分解而变成黄白色；二氯化硫进入山药体内可使叶片变白而干枯；臭氧被山药吸收也可使叶片出现黄白色，高浓度时可使叶片坏死；空气中的粉尘落在山药植株体的表面会直接影响光合作用，导致山药生长发育不良。近年来因空气污染造成山药绝收的现象时有发生。因此，如果山药生产用地周围有工厂排出有害气体，如氟气，会对山药生产造成直接危害，酸雨、降尘也会对山药生产地造成污染。这种污染，不仅可以导致山药生产用地土壤酸化，而且降尘中所携带的汞、铅、镉等重金属元素，黏附于植株叶面，甚至直接进入植株体内储藏于营养器官，进而造成产品含有有害物质超标，影响食用者身体健康。

2）治理策略　根据《中药材生产质量管理规范》的要求，中药材的种植基地空气应符合空气环境质量二级标准。对空气污染的治理首先还应以预防为主，其次才是监测和治理。严格控制各个污染气体的来源，对间接排放有毒气体和污染粉尘的源头也要进行控制和改造。如一些产业化生产的工艺流程改进；高效低污染原料的选用；改善燃烧条件，控制燃烧废气的排放；特别是一些新工厂的建立，建立开始其环保设备就一定要健全。另外，森林有吸收有毒气体、阻挡尘埃、补充氧气、吸收二氧化碳、调节湿度及温度、改善气候等作用，所以，植树造林，建设天然的绿色屏障也是防治空气污染的有效措施。

3）环境空气质量指标　见表1-7。

表1-7　环境空气质量指标

项目	浓度限值	
	1天平均	1小时平均
总悬浮颗粒物（标准状态）/（毫克/米^3）	≤ 0.30	—
二氧化硫（标准状态）/（毫克/米^3）	≤ 0.15	≤ 0.50
二氧化氮（标准状态）/（毫克/米^3）	≤ 0.08	≤ 0.2
氟化物（标准状态）/（毫克/米^3）	≤ 0.007	≤ 0.02
氟化物（标准状态）/[微克·（分米^2·天）$^{-1}$]	≤ 1.80	—

4.农药污染的危害途径与治理策略　山药在栽培过程中，因受各种病虫害的危害，必然要使用一定数量的农药进行防治。农药的大量使用既杀死了有害病虫，同时也杀灭了天敌，使自然生态平衡遭到严重破坏，致使各种山药病虫越治越严重，农民只好不断加大用量，形成恶性循环。土壤、空气和农产品中的有害化学物质残留不断增加和超标。

1）危害途径　农药对土壤的污染是指农药通过多种不同渠道最后残留在土壤中，污染的程度也是由农药残留的多少来决定的。农药的来源有直接向土壤撒施，也有向田间作物喷洒农药后又落到土壤表面的污染。据统计，田间喷洒的农药，绝大部分落到地表，最后融入土壤中，而直接落在作物表面上的比例较少，还有一些也可以随着雨水冲刷流到土壤或河流中。即使是落在作物的表面也不能全部分解或挥发，经过一段时间的保留后，必将又随着作物的死亡枯萎最后又回落到土壤中。不同农药在土壤中的稳定性能是不同的，有的在短时间内就可以分解，有的即使很长时间也仍然保留在土壤中。同一种农药对不同土壤的污染程度也是不同的。一般认为沙质土对农药的吸附作用较弱，沙质土中易被作物吸收的农药比例较大，在这种环境中生长的山药也就容易从土壤中吸收残留农药，并在株体内富集，严重影响到山药的质量。特别是土壤中有机质含量较多的情况下，土壤中的有机质可以吸附大量流失在土壤中的农药，间接增大了山药对土壤中农药的吸收程度。在较湿的土壤中，因为土壤中水可以减轻土壤对农药的吸附力，从而使山药与农药的接触机会加大，导致山药对农药的吸收量明显增加。

同时农药化肥种子的包装塑料袋（瓶）在田间、地头、河沟随便丢弃，也污染了土壤和水源，有的还转化成有害气体，造成空气污染。山药常使用一些内吸性农药灌根，而这些农药的使用数量若超过土壤和植株的自净能力，就会在块茎中积累起来，并通过药用或食用等途径进入人体，待积累到一定程度，就可能致病。

在防治病虫害过程中，如果措施不当，还会造成农药中毒，轻者头晕恶心、呕吐，严重时造成记忆力衰退、痉挛、呼吸困难、昏迷，甚至死亡。因此防止山药种植过程中的农药污染是十分重要的。

2）治理策略　优质山药生产中严禁使用有毒、有害、有残留的农药。只能选择使用少量高效、低毒、低残留农药，尽量使用无污染、无公害的生物农药。

5. 化肥污染危害途径与治理策略

1）危害途径　化肥对山药的生产起到了很大的增产作用，不合理使用化肥将会起到相反的作用，不但会使土壤板结，而且会使土壤的物理、化学性质向不利于山药生长的方向转化。如氮肥在好气的条件下，很容易被氧化转为硝酸根，经雨水等冲刷后流向土壤深处而污染土壤。氮肥在反硝化的作用下，又会形成氮气等释放到空气中，导致空气污染。利用矿物质肥可以提高作物所需的营养元素的含量，在这些矿物质肥中同样也含有一定量的杂质，其中有些是对土壤造成严重污染，对山药造成危害的金属。矿物质肥中的重金属含量根据矿物质原料和加工不同而有很大的区别。含有重金属的主要矿物质肥是磷肥以及利用磷酸加工成的复合肥。有资料表明，磷肥也是土壤中放射性重金属铀、钍、镭的污染源。通过对不同产地的磷矿石分析，虽然不同产地的放射性物质的含量有所不同，但多数含磷肥料长期使用都会使土壤集聚不同量的天然放射性重金属。目前，由于农民种地已很少使用有机肥料，过度依赖化学肥料，致使土壤中有机质营养和微量元素越来越少，氮素偏多，下渗到土壤中，随雨水流入河中污染水源。同时土壤营养失去平衡，土壤环境和生态平衡遭到破坏。

2）治理策略　优质山药生产的地块必须以施有机肥为主，尽量少施或不施化肥，必要时轮换使用不同化肥品种与类型也是解决这一问题的有效措施。

6. 重金属对土壤的危害途径与治理策略　对土壤的污染，重金属的危害是巨大的。

1）危害途径　重金属的污染途径主要有化学污染、重工业污染、原子工业污染，在这些产业的生产过程中，排放到空气中的有害物质对环境产生了影响；煤、石油燃料中含有的重金属元素在燃烧时也随着烟尘一起排放到空气中，这些排放到空气中的污染物，可造成大面积的污染。

大型热电站对环境造成的污染是最为严重的，煤燃烧后排放到空气中的有害物质对陆地生物和地球本身都会造成很大的影响。有资料显示，黑色和有色金属的冶金企业排放的大部分重金属以工业粉尘的形式落到土壤表面。

2）治理策略　山药田远离这些产生有毒有害物质的企业，不使用含有有毒有害物质残留的肥料。

7. 炮制及储运过程中的危害途径及治理策略

1）危害途径 在山药的传统加工过程中，多数要用硫黄进行熏蒸，有的还要熏蒸多次，造成商品含硫量过高，致使有些国家拒绝进口。此外，在储运过程中，如果措施不当，也可能造成污染。

2）治理策略 应用快速高温或超低温干燥等技术，快速干燥山药，防止在加工过程中出现表皮氧化；尽量不使用硫黄漂白山药产品；在储运前，精细进行产品包装，防止在储运过程中造成污染。

（六）山药的种植前景

山药是一种药食兼用的滋补保健佳蔬，其营养价值、药用价值及抗病机制正逐步被发现和证实，并愈来愈受到广大消费者青睐，应用范围越来越广，国内外需求量越来越大，且野生资源有限，产量逐年减少，货源紧缺，导致价格上涨，因此山药的种植前景光明。

1. 食用价值 山药块茎肉质细腻，营养丰富，富含粗蛋白质、氨基酸、维生素、淀粉和糖，药食兼用，老幼皆宜。山药不仅可烹制，且可做粉或配制成多种滋补食品，如山药酒、糕点、饼干、粉精、营养面、八宝粥及系列饮料等。

2. 药用价值 山药的块茎和珠芽均可供药用，具有健脾、固精、补肺、益肾的功能，主治脾虚食少、水泻不止、肺虚咳喘、肾虚遗精、带下尿频、虚热消渴等症。现代医学研究证明，山药能防止血管动脉硬化，改善血液循环，增强肌体免疫功能，抑制肿瘤细胞增殖，故山药可作为抗肿瘤和放疗、化疗及手术后体虚者的辅助药物。

3. 加工价值 山药块茎所含薯蓣皂素（含量占 4%），是生产医药可的松、强的松等药品和生产化纤溶剂的原料。

4. 经济价值 一般每亩（1 亩 ≈ 667 米^2）产鲜品 2 000~4 000 千克，目前市场价每千克达到 6~8 元，产值在 1.2 万 ~3.2 万元。山药不仅耐储运，且可加工增值、外销出口。山药本身具有药食兼用的价值，决定了其开发前景极为广阔。但目前，我国山药专业加工厂尚未形成规模，仅仅处于起步阶段。因此，应加大开发山药系列保健食品的力度，以满足市场需要。

5. 全球山药生产状况 近年来，全球山药单位面积产量整体呈下降走势，到 2019 年，全球山药单位面积产量下滑至每亩 547.4 千克。2014~2019 年全球山药单位面积产量见表 1-8。

表1-8 2014~2019年全球山药单位面积产量

年份	产量/（千克/亩）
2014	552.7
2015	589.4

年份	产量 / (千克 / 亩)
2016	590.8
2017	574.1
2018	556.8
2019	547.4

6. 山药出口情况　根据我国海关总署数据显示：2016 年，我国山药出口数量破万吨，达 10 681.9 吨，出口金额达到 3 313.8 万美元。2018 年开始，行业出口量及出口额呈上升走势，到 2020 年，全国山药出口数量为 9 742.5 吨，出口金额为 1 875.9 万美元。2015~2020 年我国山药出口数量见表 1-9；2015~2020 年我国山药出口金额见表 1-10。

表1-9　2015~2020年我国山药出口数量

年份	出口数量 / 吨
2015	8 055.1
2016	10 681.9
2017	8 803.1
2018	7 887.3
2019	8 768.7
2020	9 742.5

表1-10　2015~2020年我国山药出口金额

年份	出口金额 / 万美元
2015	2 221.4
2016	3 313.8
2017	1 828.1
2018	1 634.9
2019	1 738.6
2020	1 875.9

7. 山药出口概况

1）按大洲分　2020 年，我国山药主要出口至亚洲和北美洲，分别占比 60.63% 和 32.6%。2020 年我国山药出口结构见表 1-11。

表 1-11　2020 年我国山药出口结构

洲名	占比 /%
亚洲	60.63
北美洲	32.6
欧洲	5.6
大洋洲	0.6
非洲	0.55
拉丁美洲	0.02

2）按地区分　我国山药主要出口至美国、马来西亚等国家，2020 年，我国山药出口美国的数量约为 2 836 吨，占总出口量的 29.11%；出口马来西亚的数量约为 2 139 吨，占出口总量的 21.96%。2020 年我国山药出口国家与地区见表 1-12。

表 1-12　2020 年我国山药出口国家与地区（FAO，2020）

国家和地区	占比 /%
美国	29.11
马来西亚	21.96
新加坡	9.10
日本	8.14
中国澳门	6.37
中国香港	6.34
中国台湾	1.63
荷兰	4.48
加拿大	3.46
越南	2.74
其他	6.67

8. 山药出口数量前十省排名 分省市看，我国山药出口主要集中在山东省、广东省、湖南省等省。2020年，山东省以4 312.2吨出口量排名首位；广东省以2 096.3吨出口量排名第二；湖南省以915吨出口量排名第三。2020年我国山药出口数量前十省排名见表1-13。

表1-13 2020年我国山药出口数量前十省排名

省名	出口数量/吨	排名
山东省	4 312.2	1
广东省	2 096.3	2
湖南省	915	3
云南省	423.1	4
辽宁省	377.9	5
安徽省	373.4	6
湖北省	345.8	7
江苏省	296.4	8
福建省	162.4	9
浙江省	71.5	10

（七）山药的种植效益分析

以周口市沈丘县2021年度种植的槐山药生产与收入情况为例：

1. 成本 山药种栽3 700元/亩左右，肥料1 000元/亩左右，灌溉浇水（含滴灌管折旧费）350元/亩左右，土地租金1 200元/亩左右，机械起垄费用450元/亩左右，架材成本200元/亩左右，植保费用350元/亩左右，挖山药人工费1 500元/亩左右，管理费用350元/亩左右。所以山药的种植成本为9 100元/亩左右。

2. 利润 山药一般每亩可种2 500株左右，以每株收获山药2.2千克计算，每亩产量为5 500千克左右，如果管理得当，还会超过这个产量。2019~2022年的市场收购价4元/千克计算，每亩山药可卖22 000元左右。每亩山药的利润为12 900元。

二、山药种植前的准备

（一）山药的植物学特性、生长特征和对生长环境的要求

1. 植物学特性

1）根　山药种薯萌芽后，在茎的下端长出粗根。开始多是横向辐射生长，离土壤表面仅有 2~3 厘米，大多数根集中在地下 5~10 厘米处生长。当每条根长到 20 厘米左右，进而向下层土壤延伸，最深可延伸到地下 60~80 厘米处，与山药地下块茎深入土层的深度相适应，一般很少超过山药地下块茎的深度（图 2-1）。

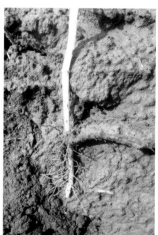

图 2-1　山药的根系

2）茎

（1）地上茎　山药的地上茎有 2 种，起攀缘作用的茎蔓，是山药真正的茎（图 2-2）；地上茎上叶腋间生长的珠芽（图 2-3），也叫气生块茎，俗称零余子、山药豆，是一种茎的变态。

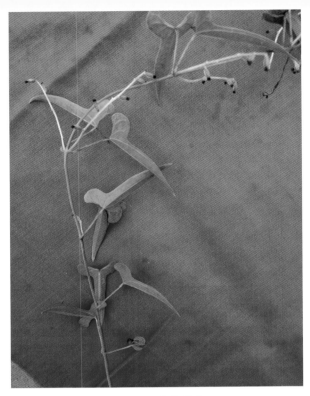

图 2-2　山药幼茎

图 2-3　珠芽

（2）地下块茎　是山药的食用部分，为主要商品器官。

3）叶片　山药是单子叶植物。山药茎的基部叶片多互生，以后的叶片多对生，也有轮生的叶片，如图2-4、图2-5所示。

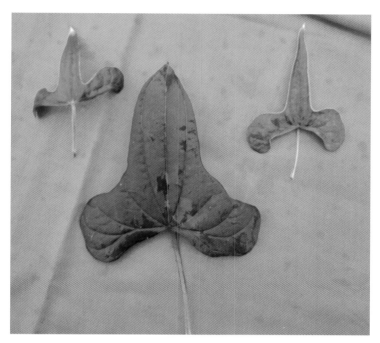

图2-4　山药的叶

图2-5　山药叶片的生长状态——对生

4）花　山药有花而不结实，或者不开花。山药是雌雄异株，不同类型的山药，雌雄株比例不同。长山药雌株很少，多是雄株；扁山药和圆山药多是雌株，雄株很少，如图2-6、图2-7所示。

图 2-6　山药的花

图 2-7　山药的假花器

5）果实和种子　山药的果实为蒴果，多反曲。每果含种子 4~8 粒，呈褐色或深褐色，圆形，具薄翅，扁平。饱满度很差，空秕率一般为 70%，高者在 90% 以上。千粒重也很悬殊，低者 0.5~0.7 克，高者可达 10 克，一般为 6~7 克，如图 2-8 所示。

图 2-8　山药的果实（蒴果）

2. **生长特征**　山药的繁殖与休眠是密切相关的。山药在我国华北栽培时，一般在地上部茎叶遇霜冻枯干后收获，此时块茎便进入休眠期。没有经过充分休眠的山药块茎，是不能萌发的。与山药块茎相同，山药的珠芽也存在休眠现象。不经过休眠的珠芽，种在地下虽然可以发根，但不能萌芽，也不会长出新的山药植株。

3. **对生长环境的要求**　在山药栽培过程中，温度、光照、水分、土壤是主要的环境条件，这些条件是影响山药生长发育的主要因素。由于各种山药在一定生活环境的长期适应中形成了相对稳定的遗传特性，一旦环境不能满足其生长发育要求，就会出现生长发育不良现象，甚至死亡。只有采取因地制宜的栽培措施，满足其生长发育条件，才能获得预期的效果。在山药引种时，要先充分了解山药原产地的年平均温度、降水量、霜期等气候条件。

1）对土壤的要求　土壤是由固相、液相、气相三相组成的。土粒是土壤的主要组成部分，一般占土壤总重量的 80%~90%，根据土壤中土粒的大小比例，一般可将土壤分为沙土、壤土和黏土 3 大类。沙土的土粒粗，土壤孔隙大，通气、排水性能好，但保水、保肥性能差，易受旱害。黏土的土粒细，土壤孔隙小，通气、透水性能差，土壤中有机质的分解慢。壤土的土粒大小介于前两者之间，土壤孔隙适中，土质疏松，有机质较丰富，保水、保肥性能强。

山药块茎生长对土壤质地要求比较严格。在排水良好、土质疏松、肥沃、壤土层深厚、有机质含量高的沙土或壤土中栽培，山药块茎表皮光滑整齐、须根少，品质较好。土层越深，块茎越大，产量越高。在稍黏重的土壤中栽培，块茎短小，但组织紧密，品质优良。

土壤质地、土壤酸碱度、土壤有机质等对山药生长的影响不容忽视。在栽培山药时应根据品种要求选择不同土壤。

（1）土壤质地　土壤矿物质是组成土壤的最基本的物质，主要成分有磷、钾、钙、镁、铁等元素及一些微量元素。土壤矿物质呈颗粒状，颗粒大小悬殊，不同的比例组合称为土壤的质地。土壤质地是影响土壤肥力和生产性能的一个主要因素。一般土壤可分为沙土类、黏土类、壤土类 3 类。

①沙土类。土壤间隙大，通气透水，但保水性差，地温易增易降，昼夜温差大。养分含量少，保肥力差。常用于配制培养土和改良黏土，也用于繁育或栽培幼苗及耐干旱的山药。

②黏土类。土壤间隙小，透气性差，保水、保肥性强，含有机质较多，昼夜温差小，对有些山药的生长不利。

③壤土类。土粒大小适中，通透性好，保水、保肥力强，有机质含量多，地温稳定，适应山药的生长。

（2）土壤酸碱度　土壤酸碱度不但影响土壤的理化性质，而且还直接影响山药的生长。不同的山药对土壤的酸碱度要求不同。山药多适合在中性、微酸性的土壤中生长。山药对土壤酸碱度的适应性较强，pH 5.0~10 都能生长，但在中性土壤中生长最好。氮在 pH 6~8 时，有效程度最高；磷在 pH 7.5 以上或 5.5 以下时，都会与铁、铝或钙离子结合，降低其有效性；钾在酸性土壤中容易流失。因此，土壤 pH 6.5~8.5 时，有效养分较多，对山药生长有利。

（3）土壤有机质　土壤有机质是土壤养分的主要来源，在土壤微生物的作用下，分解释放出山药所需的各种营养物质，同时对土壤的理化性质和生物特性有很大的影响。土壤中有机质的含量和成分在很大程度上取决于施肥的数量、肥料的性质及有机质转化的情况。

2）对水分的要求　土壤水分多，通气性差，营养物质有效成分减少，植株根部缺氧，可能造成山药生长不良，易使山药受到根腐病、菌核病等病害的侵染。若土壤水分少，既不能满足植株正常生理所需要的水分，导致枯萎，又可加快土壤有机质的分解，造成养料不足。根据水分对山药的影响及山药对水分的不同需求，对栽培地的降水量和土壤水分状况要做到心中有数，以便有针对性地有效实施灌溉或排涝，确保山药的产量和品质。

3）对温度和光照的要求　山药性喜高温短日照环境。

（1）温度　温度是影响山药生长的主要因素之一。不同山药有各自的生长最高温度、最低温度和最适温度。栽种山药时了解当地土质、地力、气候条件及山药对温度的适应情况，对于决定是否引种、种植后如何管理，具有重要意义。

地上部茎叶喜温，怕霜，生育适宜温度为 20~30℃，15℃以下不开花，温度降到 10℃以下时植株停止生长，5℃以下的低温很难忍耐，短时间的 0℃气温也会冻死。块茎发芽要求地温为 15℃以上，在地温 20~24℃时生长最快，地温小于 14℃或大于 30℃生长缓慢。

地温直接影响山药的生长发育。在山药栽培中适时调节地温是必要的。尤其在幼苗期，适当提高地温对幼苗生长有很大的促进作用。在调节地温时，应注意合理处理地温和气温的关系，使山药的地上部分和地下部分生长相适应。

（2）光照　山药耐阴但积累养分时需强光，是要求强光照的作物。短日照能促进地下块茎和珠芽的形成，但在低光照条件下，光合能力显著降低。在一定的范围内，日照时间缩短，花期提早。在春季长日照下播种的山药，只能在夏、秋季短日照下开花。短日照对地下块茎的形成和肥大有利，叶腋间珠芽也在短日照条件下出现。

（二）地块选择

1. **选地**　我国幅员辽阔，土壤类型多样，已经发现命名的有红壤、棕壤、褐土、黑土、栗钙土、漠土、潮土、灌淤土、水稻土、湿土（草甸、沼泽土）、盐碱土、岩性土和高山土等 13 个系列 43 种土壤，在上述土壤中，除盐土和碱土不能利用外，其他的土壤均可以种植山药。但是山药性喜温暖、湿润、不渍水的环境条件；虽然对土壤条件要求不严格，但是疏松肥沃、有机质含量高、营养丰富、透气性好、保水保肥性好、土壤中不含砖石瓦砾，干燥时不龟裂，潮湿时不板结，浇水后不结皮的壤土，土层厚度在 2.5 米以上，地下水位在 2.5 米以下的地块，最适宜种植山药。

种植山药时选择适宜的地块很重要，首先要选择 3 年内未种过山药的地块，山药如果在同一地块连年种植，不仅所产山药皮厚无光泽，块茎极易腐烂，而且病虫害会越来越严重，严重影响山药的产量和质量。土层深厚、肥沃，排水良好的生茬地块种出来的山药，色泽鲜艳，皮光无瘢痕，品质好。山药前茬以禾本科作物为宜，不能与树木、玉米、高粱等高秆作物相邻作，否则会因与邻作争水、争肥、争光，影响山药的正常生长和产量。其次是被选作种植山药的地块，必须远离有污染的工矿企业及交通要道。山药是深根作物，要求地下水位不能太浅，灌溉、排水方便；如果土壤过于潮湿，会妨碍植株正常生长，甚至会使山药块茎受水浸而腐烂。由于轻沙壤土地所产的山药色泽鲜亮，毛根稀少；而黏质壤土易使山药颜色深暗、毛根密多，因此所选地块最好是轻沙壤土。因为山药块茎在伸长膨大过程中，生长点遇到较硬的物体，如碎石、瓦砾、树枝等，容易发杈变形，或改变生长方向，形体弯曲，色泽也不好，所以在供山药块茎生长的 100 多厘米深的土层内，土质必须虚实一致，上下一致。种植山药一定要选择耕层深厚的土壤，并尽量与其他作物轮作或倒茬，避免在同一地块连年种植，如果倒茬确实有困难，最好隔三四年轮作一次，也可利用间作与套作。

山药生长期长，行间空隙大，春季可间作无架豆类蔬菜，也可进行甘薯、绿叶菜类、茄果类育苗。秋季可套白菜、萝卜等蔬菜。一般每块地只有 1/3 的面积种山药，在挖山药沟时逐年更换位置，这种种植方式，其作用与轮作相仿。

山药对土壤要求不严格，只要光照、温度、湿度、气体等条件能满足山药生长的需要，在瓦砾堆上也能生长，但是商品价值不大，如图2-9所示。

图2-9　废墟上生长的山药

2. 选地的原则

1）土壤要高度熟化　熟土层厚度要大于30厘米，耕作层土壤有机质含量不低于20克/千克，最好能达到40~50克/千克。

2）土壤结构要疏松　土壤固相、液相、气相三相比例要适宜，固相占50%左右，液相占20%~30%，气相占20%~30%，总孔隙度应在55%以上，这样才能有较好的保水、保肥、供肥、供氧能力。

3）土壤的酸碱度要适宜　山药对土壤酸碱度的适应性较强，pH 5.0~10都能生长，pH 6.5~8.5时生长良好。

4）土壤的稳温性能要好　要求土壤有较大的热容量和导热率，这样，土壤温度变化较稳定。

5）土壤养分含量高　要求土壤肥沃，养分齐全，含量高，土壤碱解氮在150毫克/千克以上，速效磷110毫克/千克，速效钾170毫克/千克以上，氧化钙1.0~1.4克/千克，氧化镁150~240毫克/千克，并含有一定量的有效硼、锰、锌、铁、铜等微量元素。

6）土壤要清洁卫生　要求土壤中无致病微生物，无害虫，无寄生虫及虫卵，无有害及污染性物质积累。

山药块茎生长在地下，对土壤质地要求比较严格。在排水良好、土质疏松、肥沃、壤土层深厚、有机质含量高的沙土或沙壤土中栽培，山药块茎表皮光滑整齐、须根少，品质较好。为了保证山药块茎伸长及生长良好，多选择在土层深厚、土壤有机质含量高（图2-10、图2-11），地平面2米以下有一层胶质黏土的地块种植山药，如图2-12至图2-14所示。

图 2-10　有机质含量高的土壤表面特征

图 2-11　土壤肥沃，团粒结构多，蚯蚓活动能力强，土壤通透性好，有利于山药生长

图 2-12　壤土（两合土）土质剖面

图 2-13　黏土（垆土）土质剖面

图2-14 沙土土质剖面

3.山药栽培土壤面临的问题及改良措施

1）问题　近十几年来，各地山药栽培面积发展很快，大部分是由粮田转改来的，土壤肥力不高，土壤有机质、全氮、速效氮、速效磷等含量偏低，不能满足山药生长的需要。另外，一些土壤还面临着土壤盐渍化、连作障碍等问题。

2）改良措施　增施有机肥，深翻土壤，增加土壤熟化层；适量施用化肥，要注意氮、磷、钾肥的合理配比，不能单施氮肥；合理轮作与耕作。有机肥养分齐全，许多养分可以被山药直接吸收利用，能改善土壤的理化性质，提高土壤的缓冲能力和保肥供肥能力；能在土壤中转化成有机质，与土壤中的多种离子结合形成水溶性或非水溶性化合物，不使其产生毒害作用；其养分是缓慢释放，不易发生危害，又可产生大量二氧化碳，提高光合作用的效率。生产实践证明，增施有机肥，山药病害轻，产量高，品质好。

（三）品种选择

1.淮山药　淮山药一般是指江苏、安徽一带，古称淮阴地区出产的山药；地下块茎呈圆柱形，长60~200厘米，单重1.5~5千克，亩产量可达3 000~4 000千克。含水量高，质脆，味甜，宜生食和熟食，

也可加工成罐头和干制入药。

2. **菜山药** 又叫花子山药、水山药、槐山药（周口市沈丘县周边地区）、九斤黄等。菜山药是从淮山药中的一变异单株选育而成，经济性状优于淮山药。大部分植株地上部不结珠芽，植株地下块茎长 100~180 厘米，一般横径 3~6 厘米，大的横径 10 厘米以上（图 2-15）；一般块茎单重 0.5~1.5 千克，大的可达 10.5 千克以上（图 2-16），产量高，一般亩产量可达 3 500~6 000 千克，高产田亩产量可达 7 000 千克以上。地下块茎有极强的垂直向下生长习性，皮薄，毛少，形状整齐，表面光滑，瘤少而小，毛根少而短，利于加工，加工后成品个大色白，但因皮较厚，加工损耗大。

图 2-15 横径 10 厘米以上的山药块茎

图 2-16　单重 10.5 千克的山药块茎

　　3. **山药 1 号**　又名铁棍山药、铁耙齿山药、怀山药（图 2-17）。怀山药是指现河南焦作，古称怀庆府（今焦作市内的温县、博爱、武陟和沁阳等地几个乡镇的统称）地区所产的山药。怀山药是原野生于太行山沁阳西北境内的紫金顶老君洼、大月沟的山坡谷地和山王庄镇大朗寨村北庙后山上的山药，经过长期驯化而成为栽培品种，已有 2 500 多年的栽培历史。药食兼用，是山药中药用价值最高、滋补作用最佳的品种。

图 2-17　山药 1 号

该品种茎蔓黄绿色，圆而有棱，右旋，较细，成熟时微呈紫色，一般长 2.5~3 米，多分枝。叶片较小，心形，黄绿色，光润似涂蜡，缺刻小，先端渐尖。叶脉基出 7 条，黄绿色，较淡。叶在茎蔓基部互生，在中上部对生或 3 叶轮生。叶腋间着生珠芽。雌雄异株，花亦着身在叶腋间。块茎圆柱形，长 60~80 厘米，最长可达 100 厘米以上，直径 2.5~3 厘米，芦头较长（20~30 厘米）。表皮土黄色、土褐色或褐色，光滑，密布细毛，有紫红色无光泽斑。肉极细腻，白里透黄，质坚粉足，黏液质少，久煮不散，味香、微甜、口感特好，久食不腻。一般亩产 800 千克左右。

4. 山药 2 号　原名"河南山药"，系山药产区的传统栽培品种，又是主要栽培品种之一，它既保持了原来的优良品质，又提高了产量和抗病能力，对食用性山药的推广起到了很好的作用。此品种茎蔓紫绿色，圆而有棱，右旋，较粗壮，分枝多，长 3~4 米。叶柄紫绿色，叶片油绿色，大而厚实，戟状心形，缺刻中等，先端尖锐。叶脉基出 7 条，绿中带紫。叶在茎蔓基部互生，在中上部对生或 3 叶轮生。雌雄异株，雄株叶片先端稍长，缺刻较大；雌株叶片先端略短，缺刻较小。叶腋间着生珠芽，珠芽直径 1 厘米左右，大的可达 1.5~2 厘米。山药圆柱形，长 60~100 厘米，直径 4~6 厘米。芦头长度中等，表皮黄褐色、较厚，密生毛根。肉质细腻，色白，纤维较粗，黏液质多，味浓、微甜、略有麻感，质脆易折。一般亩产 1 000~1 500 千克，6~7 千克鲜山药可加工成 1 千克干品。

5. 山药 3 号　原名 47 号山药，系温县农业科学研究所以铁棍山药为父本、华县山药为母本，通过杂交选育而成的山药新品种。品质与铁棍山药相近，但形态特征却与铁棍山药差异很大。茎蔓深绿色带紫，有棱，直径较铁棍山药略大。叶柄短，深绿带紫。叶片深绿，厚而小。叶脉较深，基出7条。块茎表面颜色较深，土褐色，有紫色条斑，毛较少，质地较硬，肉质白、细，黏液质少，味甘，甜腻，无麻感。品质略低于山药1号，但产量较高，是药食兼用的最佳品种之一。

6. **新铁2号** 由铁棍山药系列选育而成，2012年通过河南省种子管理站品种鉴定，该品种植株生长势强，茎蔓圆形，绿色带紫，块茎近圆柱形，表皮褐色，密生须根，毛眼突出，块茎截面坚实、肉微白、粉足、久煮不散。一般亩产2 000千克左右，既可鲜食，也可加工。

7. **太谷山药** 是山药产区传统栽培品种，也是目前主栽品种之一，芦头长度中等，表皮黄褐色，较厚，密生毛根。肉质细腻，色白，纤维较粗，黏液质多，味浓，微甜，略有麻感，质脆易折。一般亩产2 000千克左右，主要用于药品加工，6~7千克鲜货可加工成1千克干品。

8. **嘉祥细长毛山药** 块茎棍棒状，长80~110厘米，横径3~5厘米，单重0.4~0.6千克。块茎外皮薄，黄褐色，有红褐色斑痣。毛根细，块茎肉质细、面，味香甜。适应性好，菜药兼用。

9. **河北麻山药** 麻山药在河北的种植面积很大，外形比铁棍山药、嘉祥细长毛山药要粗。一般亩产2 000~3 000千克。根毛比较密，表皮不光滑。口感带一点点麻。在我国大部分地区都有出售，但因外形难看价格不高。

10. **大和长芋** 日本品种，亩产比较高，一般可达3 000~4 000千克，高产地块可达5 000千克，甚至更高。根毛比较粗，大和长芋是我国山药出口的一个主要品种。

11. **大久保德利2号** 品种的外观是扁形，如同扇面，与人们传统观念中的山药相比较感觉有点畸形，系日本品种。它含水量比长山药少，淀粉、蛋白质和黏液质含量均比长山药高，煮炖后又绵又面，适口性好。和长山药相比，它种植时不用深挖沟，收获时也很省工，每亩地只需要2~3个工。目前主要用来进行深加工出口。它的适应性很好，在我国适合种长山药的地区都可以种植，且此品种抗病性很好。从种植者的角度来看，这个品种产量高，用工少，易于管理，适合大面积种植。在我国市场上目前还没有这个品种出售，但从其储藏性及肉质口感上来说都极其突出，消费者很易接受，是一个值得大力推广的品种。

12. **长白山团块山药** 生育期约160天，其中发芽期（从休眠芽萌动开始至出苗）需35天左右，甩秧发棵期（出苗到现蕾并开始发生气生块茎）约60天，块茎生长盛期（现蕾到茎叶生长基本稳定）约60天，块茎生长后期茎叶不再生长，块茎不再增大，但仍在增重，霜后进入休眠期。

山药块茎形似脚掌，茎草质蔓生，叶卵形，先端三角形，成锐角，叶腋间可着生椭圆形珠芽（气生块茎、山药豆），可食用，也可供繁殖，用来更新"山药栽子"，雌雄异株，花序穗状2~4对腋生（图2-18）。山药顶端具有一隐芽和茎的瘢痕，一般用来作种栽植，称"山药栽子"（取山药上部15厘米左右较细不能食用部分），块茎的中上部至下部较粗或成扁形供食用。当栽子不足时块茎也可切成小块栽植，称"山药段子或闷头栽子"。山药块栽后可发生不定芽，但时间较长，需半月以上才能出芽，而且芽弱，一般不采用。寒地种植山药不能在地里越冬，应在土壤封冻前起出，取下"山药栽子"用干沙土埋藏在室内过冬，第二年春季栽培。

图 2-18　长白山团块山药植株长势长相（段英俊　供图）

（四）品种选择原则

挑选出的山药的芦头和留作种栽的山药，经过整整一个冬季的储藏，常会因储藏措施不当发生这样或那样的问题，所以，必须在储藏初选的基础上，应再次严格挑选，剔除不适宜栽种的种栽。

1. **选择无病种**　一般由于种栽带菌而传染的山药病害有枯萎病、根腐线病、黑斑病、根结线虫病等。这些病害一旦发生就很难治愈，是山药优质高产的大敌。所以，将留作种栽的芦头和山药取出后，必须拣出储藏过程中已经显露病害的种栽。

2. **选择表皮未损伤种**　山药的表皮是保护山药不受病菌侵染的重要屏障，一旦损坏，就给病菌侵染以可乘之机。所以，山药从收刨、储藏到栽种，都要注意保护，使表皮完好无损。如果损伤严重，应及早剔除。

3. **选择无霉变、腐烂变质和冻伤种**　经过冬季的储藏，常会因各种原因而使个别种栽腐烂变质，还可能因保护不善而冻坏，所以凡霉变严重或发生冻伤的要剔除。对于山药芦头只在折断处发生霉变的，也要将霉变部分剔除干净。

（五）种栽处理

1. **种栽分拣与截取**　种栽的粗细、长短及是否有定芽与山药出苗是否整齐、产量高低密切相关。因此，在品种确定后，要对所选品种进行严格挑选，按照芦头种栽的粗细、长短及是否有定芽进行分类拣取，将芽眼完好和芽眼损坏的山药芦头，按粗细大致相同、长短大体相当分开存放，以便栽种时分别种植，利于出苗整齐，每10根分为一把；对拟用山药段进行生产者，进行分段截取时，截取长度应视品种类型和块茎粗细而定。将留作种栽用的山药按粗细分开，并根据不同品种按种栽质量的要求，截成山药段子，长15~30厘米，如棍状山药按每段重100~200克，棒状山药按每段重200~300克。种栽过重容易引起前期旺长，过轻往往前期生长不良。山药块茎截成段子的闷头栽子，具有顶端发芽优势，如果不能通过毛色辨认，要随截随扎细线或染色做标记，以供栽种时辨认。山药截成的闷头栽子，因部位不同，发芽也有先后，应按不同部位分别堆放，上段发芽快，尾段发芽慢。

2. **断面处理**　山药折断后有黏液质流出，不仅会造成养分流失，也给病菌侵入提供了机会。因此，要随截段随用药物处理断面。

1）草木灰　用干净、无杂物、未受水浸和受潮的草木灰涂抹断面，是最简便易行、省钱的方法，可普遍采用。

2）生石灰粉　用干净的生石灰粉蘸抹断面（图2-19），可促使山药断面黏液质迅速凝固，具有杀菌防病的作用。但在晒种过程中往往出现裂缝，容易使病菌侵入造成烂种，新生山药也易感染根腐病等病害（图2-20）。

图2-19　生石灰粉蘸抹断面

图 2-20　生石灰粉蘸抹断面的山药种栽，晒种时出现裂缝

3）代森锰锌超微粉消毒　代森锰锌超微粉是高效低毒、污染程度低、不影响优质山药食品生产的农药，颗粒小，粉质细，用其涂抹断面，没有断面干裂现象，并且山药不带菌，栽种后也不会腐烂。有资料表明，一直到 7 月中下旬，用代森锰锌超微粉蘸抹或稀释液浸泡过的种栽，仍色泽、肉质正常，如图 2-21 所示。

图 2-21　代森锰锌超微粉蘸抹种栽

4）噻霉酮溶液　噻霉酮溶液是内吸性无公害农药，内含高脂膜，用其稀释液涂抹断面晒种，会在山药断面形成薄薄的一层药膜。既可防止病菌从外部侵染，又可杀死种栽内部的病原菌，有利于生产绿色的优质山药，是目前较理想的药物。按照 1：5 的比例配成稀释药液即可。

5）温汤浸种　种栽挑选好后，要在晴天进行温汤浸种。方法是将山药芦头或种栽在 50~52℃的温水中浸泡 10 分，浸泡过程中应不断翻动，使其受热均匀。水温不得低于 50℃，也不能高于 52℃，低了杀不死病菌，过高会烫坏种栽，影响发芽出苗。

6）晒种　把经过冬储的山药块茎，在播种前 30 天左右截段并用药剂处理断面，种块截取的长度在 20 厘米左右，重量在 200 克左右。种块在截段时不可使用铁质利器，以防止山药断面遇铁氧化，可以用指甲刻印或用竹片制成的竹刀直接截段。山药断面要及时用 70% 代森锰锌超微粉涂抹面，并在上端做记号，以便播种时辨认上下端。蘸了代森锰锌超微粉的山药比蘸生石灰粉的山药效果好，断面只凹陷，不裂口，播入土壤后不易腐烂。如果遇到阴雨天应立即停止截段活动，并将折截过的和尚未截的山药妥善收藏。截好的种栽在种植前，要进行晒种（图 2-22、图 2-23），一般在 3 月上中旬进行。

图 2-22　山药芦头种栽晒种

图 2-23　山药闷头种栽晒种

山药种栽处理好断面后就要尽快进行晒种。方法是处理后立即将种栽平摊，放在阳光下晾晒。一般晒种 30 天左右，种栽就可播入土壤，把种栽的上端朝一个方向摆放，便于播种。晒种时要注意天气变化，晒种时如遇降水天气，在降水前应将种栽收起防止雨淋。

对山药芦头（包括失去芽眼的芦头）应将腐烂部分截下，用药剂涂抹断面，晒到断面向内陷为止。晒种场地如果是水泥地面，要铺上一层隔离物，以防止晒种过程中因温差过大而影响种栽的活力。晒种过程中，种栽要翻动几次，以便照晒均匀。经过 15~20 天，待晒至上端皮色成绿褐色，薄皮下边肉质变成浅绿色时即可进行栽种。一般山药晒种正处初春季节，昼夜温差大，早晨有露水，有时还有霜冻出现，因此在晒种过程中，太阳落山以后要用草苫等覆盖，第二天太阳出来时揭开，以防种栽受潮受冻。如遇阴雨天气，还要将种栽妥为收藏保护，防止雨淋，防止雨水渍浸。经过这样的晾晒，山药种栽体内的生命活力逐渐加强，营养不断向上端输送，逐渐形成隐芽。栽种后，遇到适宜的温度和湿度，种栽的上端就会生出一个至数个幼芽，并且冲破种皮，冲破土层，长成幼苗。综合以上各种措施，都是为了在栽种前将山药种栽处理成无病、无毒、无损坏、健壮的栽子，给栽种后山药的顺利出苗、健壮生长以及最后丰收打下良好基础。

（六）催芽与育苗

　　山药生产可用芦头、山药段或珠芽繁衍的小山药块茎直接播种，也可以用芦头、山药段或珠芽繁衍的小山药块茎放入温度、湿度适宜于山药生长的环境中催芽后种植。

　　1. 顶芽繁殖法　山药根颈端以下 30 厘米左右的块茎品质不好，不能食用的部分，称山药尾子，有些地方叫山药芦头、山药栽子、山药笼头等（图 2-24）。山药芦头顶端有芽且具顶端生长优势，将此段切下直接播种作生产用，称顶芽繁殖法，以带有隐芽的山药芦头种栽为好（图 2-25）。

图 2-24　山药芦头种栽

图 2-25　带隐芽的山药芦头种栽

每年秋末冬初挖山药时，选茎短芽头饱满、粗壮无病虫害的山药，将上部芦头取 20~30 厘米折下，重 40~80 克，一般带肉质块茎愈多，长出的山药苗愈壮，产量也愈高。山药芦头繁殖可直播，发芽快，苗壮，产量高；但繁殖系数小，面积难以扩大。折下的芦头，放室内通风处晾晒 7 天，或在日光下稍晒，使断面伤口愈合，然后储藏于室内。山药芦头从收到种，相隔 4~6 个月，在室内温度低于 0℃时，要盖稻草等物防冻，待翌年 4 月取出，经整理后即可作为种栽，届时在已整好的地里种植。一般带肉质块茎愈多，长出的山药植株愈壮，产量也愈高。

2. **山药段生产**　又称闷头栽子生产法（图 2-26）。在山药芦头不足的情况下，可使用山药块茎折段代替。生产实践中发现，紧接山药尾子的食用部分一段用作种子栽培，病害轻，产量高，种性遗传优异，连续用作种子 4 年未发现变异。在种前 20~30 天，将山药块茎按 10~15 厘米折成段，分折后的山药段用 50% 多菌灵可湿性粉剂 600 倍液 +1.8% 阿维菌素乳剂 1 000 倍液浸泡 30 分左右，或在切口蘸生石灰粉或草木灰。

图 2-26　闷头栽子

用山药段种植，可提高繁殖系数，一般山药段长芽速度茎端比根端快，由于截段部位不同，发芽速度也不一致。山药段播种比山药芦头播种晚出苗15~20天,为提高产量,应待伤口愈合后放置温室内埋在湿沙中进行催芽,催芽床温度保持25℃左右,经15~30天即可出芽,由于切块部位不同,发芽速度不等,应选出芽快的先种,未出芽的继续催芽。

3.**珠芽繁殖**　又称零余子(山药豆)繁殖,珠芽属气生块茎,是无性繁殖器官。每年10月下旬叶发黄时,选个大、圆、无损伤、无病虫害的珠芽,放室内冬藏,翌年清明节前后取出,放日光下稍晒后拌湿沙,即可进行种植。用珠芽作种,繁殖系数高,复壮效果好,且用工少、占地少,一般当年用其育苗繁种,翌年用其整薯作种播种于生产田。一般用沟种,行距6厘米,株距13~16厘米。当年只能长到13~16厘米、重200~250克的小块茎(图2-27至图2-30)。

图2-27　珠芽繁殖

图2-28　珠芽繁殖的小块茎

图 2-29　珠芽繁殖的小块茎装箱储藏　　　　图 2-30　珠芽繁殖的小块茎装袋储藏

4. 催芽　山药芦头和闷头栽子的出苗时间，常常相差 20 天左右，产量也相差 10% 以上，而且闷头栽子往往在其顶端生出 2~3 个甚至更多的新芽。为了提高出苗率和整齐度，就要按确定的栽植时间提前 20~30 天，在温室或暖炕上催芽，这样不仅能够保证苗全、苗壮和整齐度，而且可以延长生长时间，增加块茎的最终产量。方法是选择地势高燥、背风向阳、无病虫害的地方建立苗床。每床排种 4~5 层，一层种栽，一层湿润细土。铺地膜后，再扎架覆盖天膜。也可用育苗箱育苗。待幼芽长出 1 厘米左右时，即可定植大田。

（七）架材准备

可用竹竿、树枝、尼龙绳做架材，如图 2-31 至图 2-33 所示。

图 2-31 用细竹竿做成的"人"字形架

图 2-32 用树枝搭建的四脚架（段英俊 供图）

图 2-33 绳架（张凤图 供图）

三、备肥、施肥、整地及常见山药种植机械

（一）备肥

　　备足备好肥料是山药种植成功的基础条件之一。科学施用肥料可以促进山药的正常生长发育，提高山药的品质和产量。如果施肥不合理，不仅达不到预期的目的，而且还会影响山药的正常生长发育，甚至造成植株长势减弱或死亡，进而影响山药的产量和品质，增加生产资料投入，直接影响山药生产效益。有地下害虫的还要准备施入低残留的无公害杀虫剂。生产上常见的肥料有：有机肥、无机肥、微生物复合（混）肥料、药肥、磁化肥、腐殖酸类肥、氨基酸类肥等。

　　1. 有机肥 有机肥既含有有机质，又含有氮、磷、钾三要素及多种中微量元素，所以又叫完全肥料，是种植山药的较好肥料。有机肥冬前应进行堆闷发酵腐熟（图3-1），充分腐熟的有机肥不但能供应山药生长所需要的氮、磷、钾三要素，而且还能提供钙、镁、硫、硼、钼、锌、铜、锰、铁等多种元素，更能提供多种可溶性有机化合物质，如氨基酸、酰胺、磷脂等有机物质和大量腐质胶质体，促进微生物的活动，产生生物活性物质，如B族

图3-1　冬前把有机肥进行堆闷发酵腐熟

维生素、对氨苯基甲酸、生长素等，所有这些都有利于促进土壤形成团粒结构，提高土壤中各种难溶性养分的溶解度，提高山药对土壤养分的利用率，改善土壤的物理化学性状和生物活性，有利于对水、肥、气、热的协调，从而更好地、长期地满足山药植株生长发育的需要。目前市场上有工厂化生产的有机肥（图3-2）。

图 3-2 工厂化生产的有机肥

有机肥所含的养分呈有机状态，需经过微生物的分解作用才能被山药根系吸收利用，这个分解过程可以改善微生物的生活环境，补充土壤中有机物质的供应，改善土壤的通气性、透水性，提高土壤的保水、蓄肥能力，促进山药块茎的伸长和对养分的吸收，改善土壤的热量状况，使土壤温差变幅减小等，但所需用的时间较长，所以又叫迟效肥料。这种肥料不但可以供应山药生长所需的各种养分，而且可改良土壤，更可生产不受污染的优质山药，施用有机肥还有利于提高山药的色泽和品质，其优越性极大。

在沤制发酵有机肥的同时，每亩地掺入过磷酸钙50~60千克，不但可以提高磷肥利用率，而且可以提高山药产量和品质。

有机肥包括畜粪、禽粪、饼肥及土杂肥等。

1）畜粪 包括猪、牛、羊、马（驴、骡）等家畜的粪便，经过充分腐熟后，可用作基肥。

（1）猪粪 猪粪属于冷性肥料。有机物含量为150克/千克，氮含量为5~6克/千克，磷含量为4.5~6

克/千克，钾含量为3.5~5克/千克，是优质的有机肥料。猪粪在堆积沤制过程中，不能加入草木灰等碱性物质，以避免氮损失。

（2）马（驴、骡）粪　马（驴、骡）粪属于热性肥料。有机物含量为210克/千克，氮含量为4~5.5克/千克，磷含量为2~3克/千克，钾含量为3.5~4.5克/千克。马（驴、骡）粪的质地粗松，其中含有大量的高温性纤维分解细菌，在堆积中能产生高温，属热性肥料。

充分腐熟的马（驴、骡）粪可作山药早春育苗时温床的加热材料，也可作秸秆堆肥或猪圈肥的填充物，以增加这些肥料中的纤维分解细菌，从而加快腐熟。

（3）牛粪　牛粪属于冷性肥料，有机物含量约为200克/千克，氮含量为3.4克/千克，磷含量为1.6克/千克，钾含量为4克/千克。

（4）羊粪　羊粪属于热性肥料，有机物含量约为320克/千克，氮含量为8.3克/千克，磷含量为2.3克/千克，钾含量为6.7克/千克。

2）禽粪　鸡、鸭、鹅、鸽、鹌鹑粪等的总称，有机物和氮、磷、钾养分含量都较高，并含有氧化钙。

（1）鸡粪　鸡粪属于热性肥料，有机物含量为255克/千克，氮含量为16.3克/千克，磷含量为15.4克/千克，钾含量为8.5克/千克。新鲜的鸡粪容易产生地下害虫，又容易烧苗，而且尿酸态氮还对山药根系生长有害，因此必须充分腐熟后才能使用。

（2）鸭粪　鸭粪属于冷性肥料，有机物含量为262克/千克，氮含量为11克/千克，磷含量为14克/千克，钾含量为6.2克/千克。

（3）鹅粪　鹅粪属于冷性肥料。有机物含量为234克/千克，氮含量为5.5克/千克，磷含量为5克/千克，钾含量为9.5克/千克。

（4）鸽粪　鸽粪属于热性肥料。有机物含量为308克/千克，氮含量为17.6克/千克，磷含量为17.8克/千克，钾含量为10.0克/千克。

（5）鹌鹑粪　鹌鹑粪属于热性肥料，是高效速效有机肥料，所含氮、磷、钾三种成分均高于鸡粪、猪粪等畜禽粪，氮含量为45克/千克，磷含量为52克/千克，钾含量为20克/千克。

3）饼肥　包括棉籽饼、大豆饼、芝麻饼、蓖麻饼等，养分含量较高，肥效快，可作基肥或追肥。

（1）棉籽饼　棉籽饼氮含量为34.4克/千克，磷含量为16.3克/千克，钾含量为9.7克/千克。

（2）大豆饼　大豆饼氮含量为70克/千克，磷含量为13.2克/千克，钾含量为21.3克/千克。

（3）芝麻饼　芝麻饼氮含量为50克/千克，磷含量为20克/千克，钾含量为19克/千克。

（4）蓖麻饼　蓖麻饼氮含量为50克/千克，磷含量为20克/千克，钾含量为19克/千克。

4）土杂肥　一般用作基肥，每亩用量为5~30米³。

（1）堆肥　一般堆肥有机物含量为150~250克/千克，氮含量为4~5克/千克，磷含量为1.8~2.6克/千克，钾含量为4.5~7克/千克。高温堆肥有机物含量为240~480克/千克，氮含量为11~20克/千克，磷含量为3~8.2克/千克，钾含量为4.7~25.3克/千克。

（2）厩肥　厩肥氮含量为1.2~5.8克/千克，磷含量为1.2~6.8克/千克，钾含量为1.2~15.3克/千克。

2.无机肥　无机肥有效养分含量高、速效,常用来作追肥和基肥。这种肥料的特点是肥料成分浓厚,能溶于水,肥效快,易被山药吸收。

无机肥按营养元素成分,可以分为单质肥料和复合(混)肥料;按肥效的快慢,可以分为速效单质肥料和缓释肥料。

1)速效单质肥料　用于山药生产的速效单质化肥有硝酸铵、过磷酸钙、尿素、碳酸氢铵、磷酸二氢钾、硫酸钾等。

(1)硝酸铵　含氮量33%~45%,肥效快,无副成分,主要用作追肥,每亩每次用量为10~15千克。

(2)硫酸铵　含氮量21%左右,可作基肥、追肥、种肥,施后覆土或浇水,每亩每次用量为15~20千克。

(3)碳酸氢铵　含氮量17%左右,易挥发出氨气,不宜在设施内追施,一般多作基肥深施入土壤中,每亩每次用量为20~25千克。

(4)尿素　含氮量46%,可作基肥和追肥,但主要作追肥。追肥时可随水浇施,也可开沟施后覆土。用于设施内,不能在地面撒施,也不宜作种肥。每亩每次用量为10千克左右。

(5)过磷酸钙　有效磷含量为12%~22%,可作基肥、追肥和种肥。也可配成水溶液作根外追肥,但主要用于基肥,每亩每次用量为25~50千克。

(6)硫酸钾　含钾量为50%,作基肥、追肥均可,每亩每次用量为10千克左右。

(7)硼砂　含硼量11%,每亩用硼砂50克,加水50千克喷施。

(8)硫酸锌　含锌量23%~40%,每亩用硫酸锌100~150克,加水50千克喷施。

(9)硫酸锰　含锰量26%~28%,每亩用硫酸锰25~50克,加水50千克喷施。

(10)钼酸铵　含钼量50%,每亩用钼酸铵5~25克,加水50千克喷施。

(11)硫酸亚铁　含铁量20%,每亩用硫酸亚铁100~150克,加水50千克喷施。

(12)硫酸铜　含铜量25%,每亩用硫酸铜10~25克,加水50千克喷施。

2)缓释肥料　缓释肥料又称控释肥料,指所含的养分能在一段时间内缓慢释放并供山药持续吸收利用的肥料。缓释肥料有单质肥料,也有复合(混)肥料。

(1)缓释肥料的优点

①使用安全。由于它能延缓养分向根域的释出速率,即使一次施肥量超过根系的吸收能力,也能避免高浓度盐分对山药根系的危害。

②省工、省力。肥料通过一次性施用能满足山药整个生育时期对养分的需要,不仅节约劳动力,而且降低成本。

③提高养分利用效率。缓释肥料能减少养分与土壤间的相互接触,从而能减少因土壤的生物、化学和物理作用对养分的固定或分解,提高肥料效率。

④保护环境。缓释肥料可使养分的淋溶和挥发降低到最小限度,有利于环境保护。因此,缓释肥料日益引起人们的重视。当前,世界各国都在相继开发缓释肥料新品种和制肥新工艺,以求降低肥料价格,使肥料中养分的释放速率与土壤供肥和山药需求同步。

（2）缓释肥料的分类　根据生产工艺和农业化学性质，缓释肥料主要可分为化成型、包膜型和抑制剂添加型 3 种。

①化成型缓释肥料。

A. 脲甲醛（简称 U.F）。脲甲醛是全世界第一个商品化生产的缓释肥料，是由尿素与甲醛缩合而成的白色、无味的粉状或粒状固体物质，主要成分是甲基脲的聚合物，含氮 38%~40%，其中冷水溶性氮占 4%~20%，冷水不溶性氮占 20%~30%，热水不溶性氮占 6%~25%。

B. 丁烯叉二脲（CDU）。又称脲乙醛，是尿素在酸性条件下缩合而成。丁烯叉二脲的总氮量为31%，其中尿素态氮小于 3%，为白色粉状或黄色粒状物，不吸湿、不结块，室温下在水中的溶解度仅为 0.6%。热稳定性良好，在 150℃ 条件下不会分解，因此能与尿素、过磷酸钙、硫酸钾和氯化钾等肥料混合造粒。

C. 异丁叉二脲（IBDU）。为白色粉状或粒状固体，含氮 31%~32%，氮素活化指数为 96，不吸湿、不结块，室温下的溶解度很小，100 克水中仅能溶解 0.01~0.1 克氮，热稳定性好；可与其他化肥混合使用。

D. 草酰胺（OA）。草酰胺是一种白色粉状，不易吸湿结块，含氮 31.8%，在冷水中溶解度很低，265℃ 开始升华，290℃ 以上分解成氨气、二氧化碳、双氰等。

E. 磷酸铵镁。磷酸铵镁是一种枸溶性的缓释氮磷复合（混）肥料，纯品为含有 1 个或 6 个结晶水的白色固体，市场上所销售的商品肥一般是磷酸铵镁一水化合物，标准晶级含氮 8%、五氧化二磷 40%、氧化镁 25%。

F. 硅酸钾肥。硅酸钾肥具有如下优点：硅酸钾肥不易被雨水溶解，与氯化钾和硫酸钾相比，长期施用也不会造成土壤酸化、板结。同时其肥效成分（氧化钾、二氧化硅、氧化镁、氧化钙等）呈微溶性，既能被较好地平衡吸收，又能减少淋失。硅酸钾肥能有效地保持山药的新鲜度。硅酸钾肥比其他钾肥更有利于山药根部生长，由于硅酸钾肥中的钾以硅酸盐形态存在，能被山药缓慢地吸收，故能促进山药的根（块茎）良好生长。

G. 三缩脲。尿素缩合物三缩脲是一种理想的缓释肥料，在土壤中，三缩脲可在 6~12 周逐步分解而放出全部氮量，这与一些山药生长的需要相适应。

②包膜型缓释肥料。包膜型缓释肥料是在速效粒状肥料表面涂上一层疏水性的物质，形成半透性的或难溶性薄膜，以减缓养分释放速度的肥料。常用的包膜材料有硫黄、磷酸盐、石蜡、沥青等。

A. 包膜尿素。通过向普通尿素表面涂覆一层薄膜，使制得的缓释尿素溶解速度变低。这类尿素种类很多，人们主要研究如何选择具有良好阻溶性能且价格低廉的包膜材料。就工艺而言有 2 种，一种是在尿素颗粒固化的同时，向尿素颗粒上喷涂包膜材料的溶液，借其固化热蒸发溶剂，使包膜材料附着在颗粒表面；另一种工艺是在尿素上喷包膜溶液，然后进行干燥固化。

B. 包膜复混肥。是以粒状速效肥料（如尿素、碳酸氢铵、硝酸铵等）为核心，以钙镁磷肥为包裹层，根据山药的需要，在包裹层中加入钾肥、微肥及其螯合剂、氮肥增效剂、农药（如杀虫剂、杀菌剂、除草剂）等物质，以有机酸复合物和缓溶剂为黏结剂包裹而成的一种新型肥料。调节包裹层的组成、厚度和黏结剂，可制成适于山药使用的专用型复合（混）肥料。

③抑制剂添加型缓释肥料。氮肥增效剂有硝化抑制剂、脲酶抑制剂等类型，它所包含的化学物质达百余种，目前世界上有 30 多个国家和地区对其进行研究和使用。

氮肥增效剂的使用可减少土壤微生物对施入土壤的氮肥的作用，降低氮素损失，增加氮肥肥效。因此，推广氮肥增效剂（如硝化抑制剂、脲酶抑制剂）是一条提高氮肥利用率十分有效的途径。

抑制微生物活性的氮肥增效剂应具备以下条件：

A. 抑制效率高和较好的选择性，能有效地抑制硝化菌和脲酶等活性，而对其他微生物的存在无影响。

B. 在土壤中能缓慢地自行分解，有适宜的时效，既能保持土壤中微生物群的生态平衡，又能控制供氮过程与山药需肥规律同步。

C. 长期使用安全，在土壤中无积累，不产生污染，山药产品中无残留、无毒害。

D. 有较好的、稳定的物化性能，易与氮肥混配，使用方便。

E. 与各种氮肥、农药等混配使用时，不改变增效剂的质量，不影响各自的有效性能。

F. 来源广，成本低。

3）复合（混）肥料

（1）磷酸二铵　含氮量 18%，含磷量 46%，可作基肥、追肥，但主要作基肥，每亩每次用量为 10~15 千克。

（2）磷酸二氢钾　国家规定，农业使用的磷酸二氢钾标准：优品磷钾总含量为 98%；一等品磷钾总含量为 96%；二等品磷钾总含量为 94%。高纯度的磷酸二氢钾，对环境无污染，对产品无残毒，对植株无伤害。一般用 200~500 倍液于叶面喷施。

（3）酶类复合肥

①多肽复合肥。多肽复合肥是在复合肥生产过程中通过添加一种活性多肽物质"金属酶"而生产的一种新型增效复合肥，产品颗粒内外均为黄色。

酶是山药生长发育不可缺少的催化剂，山药株体形成、新陈代谢的所有化学反应几乎都是在生物催化剂——酶的作用下完成的，缺酶就会阻隔新陈代谢，生命就会停止。山药离开酶，就很难把肥料等无机养分转化成山药所需要的有机营养。所以，酶在山药生长发育过程中所起的作用是非常关键的，不可或缺。"金属酶"可以被山药直接吸收，因此可节省山药在转化无机元素时所需要的时间，大大促进山药生长发育。施用多肽复合肥，山药一般可提前 5~15 天成熟。

由于"金属酶"在土壤中及在山药体内的高效催化作用，使多肽复合肥与普通复合肥相比，具有提高肥料利用率，壮根、促早熟和防早衰，提高山药抗旱、抗寒、抗病等抗逆性的作用，进而达到提高山药品质，增加山药产量的目的。

由于多肽复合肥利用率高，所以使用量可以较同规格普通复合肥减少 20%，使用方法和普通复合肥相同。或者不减少用量，可以获得更高增产效果。

②双酶复合肥。双酶复合肥是将金属酶（主酶）和非金属酶（辅酶）与氮、磷、钾等元素有机结合的产品，属国内独家生产。

由于双酶的催化作用，可延缓叶片衰老，有效防治小叶病、黄叶病、根腐病、立枯病等病害，提高山药抗病、抗寒、抗旱、抗盐碱等抗逆性。它的抗氧化酶（SOD）可延长果实采摘期，减少畸形果、裂果和腐烂，使山药更耐储藏，品质更好。

双酶复合肥与普通复合肥相比，用量减少一半，山药还保持相当的增产，达到减肥增产和加酶防病的目的，为多肽复合肥的升级换代产品。

3. 微生物复合（混）肥料　又叫大三元复合肥料。这种肥料是近些年为了提高无机肥料的利用率而配制的，因而有很多的优越性。一是针对性强：它是根据山药的特点制作而成的，如山药喜钾肥，在制作时就适当多加进一些钾素，有利于提高山药的产量和品质。二是养分齐全：这种肥料是用充分腐熟的畜禽粪便、饼肥、无机化肥、中微量元素、活性菌群等山药所需要的多种营养元素制成的，不仅富含有机质，而且富含易被山药吸收的氮、磷、钾三要素和锌、铁等微量元素，还有通过接种繁殖的活性菌群，每千克含量在 3 亿个左右，多则达到 10 亿个。这就是说，山药生长所需要的一切营养元素，都人为地给予了供应，更有利于促进山药的生长发育。三是节约成本：这种肥料原料丰富，制作简单，除无机肥、生物菌群需要购买外，其他畜禽粪便等原料都可以由农民自己积攒、自己制作，省去了许多人工和一部分原材料。

4. 药肥　药肥就是含农药的肥料。其专用性强，施用效果好，在国外品种繁多，消费量大。在除草剂方面，美国以硫酐氨基酸类除草剂和液氨混合，用注入法施入土层 7~10 厘米处，以形成施肥区无草带。

由于大部分农药在弱酸性或中性介质中比较稳定，在偏碱性条件下易分解失效，化肥中除钙镁磷肥、碳酸氢铵偏碱性外，一般为中性或弱酸性。因此，农药和化肥混合不会导致农药有效成分的迅速降低。至于少数在偏碱性条件下稳定的农药，可通过调节混配复合肥的 pH 来保持其稳定性。因此，药肥混用是一项可行的措施。

药肥混用不仅是一项节约劳动力的生产措施，还具有提高农药施用效果，延长农药药效的作用。但药肥混用在使用上还存在一些问题：施用时农药和人体直接接触，特别是杀虫剂农药，即使属中毒和低毒类型，也仍然不安全；大部分农药有挥发性，储存和运输过程中如发生袋子破损，很容易失效和产生污染。为克服以上缺点，中国科学院南京土壤研究所进行了含农药肥料包膜的研制，其工艺流程为：肥料＋农药→搅拌混合＋盘式造粒→膜处理成膜，目前已生产出有效养分含量 30% 左右、水分含量低于 5%，抗压强度比一般混配复合肥大，膜内 pH 5.0、膜面 pH 6.5 左右，粒径能任意控制的，适用于水稻、小麦、蔬菜等作物的药肥。

包膜药肥工艺条件要求较高，有时在制造掺混复合肥时加入除草剂，其工艺过程就较为简单，如水稻除草专用肥，在氮、磷、钾肥料的基础上，在造粒阶段将 60% 丁草胺乳剂用喷雾方法加入，加入量为肥料总重量的 0.06% ~0.16%。

5. 磁化肥料 磁化肥料是电磁学与肥料学相互交叉的产物，通过在氮磷钾复混肥中添加磁性物或含磁载体，经可变磁场加工而成的一种含磁复混肥。其优点是除了保持原先氮、磷、钾速效养分外，还增加了新的增产因素——剩磁，两者协助作用可提高肥效。

磁化肥料主要由两部分组成：一部分为磁化后的磁化物质，一部分是根据不同土壤及山药需要而配制的营养组分（氮、磷、钾及微量元素等）。生产的关键在于磁化技术。肥料被磁化后持有剩磁，剩磁能调节生物的磁环境，并刺激山药生长，而其强度是磁化肥料的一个重要指标。我国目前主要采用的原料是粉煤灰、铁尾矿、硫铁矿渣以及其他矿灰，资源丰富，价格便宜，成本低。施用磁化肥能使山药增产 9% ~30%。

6. 腐殖酸类肥料 腐殖酸类肥料是以泥炭、褐煤、风化煤等为主要原料，经过不同化学处理或在此基础上掺入各种无机肥料制成的肥料。常见的品种有腐殖酸铵、腐殖酸钠、黄腐酸等。

1）腐殖酸铵 腐殖酸铵是用氨水或碳酸氢铵处理泥炭、褐煤、风化煤制成的一种腐殖酸类肥料。该肥料的最主要特点是为山药提供一定量的氮素营养，改良土壤理化性状，同时可刺激山药的生长发育。

适用于各种土壤。就土壤而言，对结构不良的沙土、盐碱土、酸性土壤及有机肥严重缺乏的土壤，使用效果最好。对于山药来说增产效果较好，应用时多采用撒施、条施或穴施的方式作基肥施用，一般每亩施用量为 100~200 千克。

2）腐殖酸钠 腐殖酸钠的生产原理是：泥炭、褐煤、风化煤、氢氧化钠和水混合，在加热条件下反应制成。适用于各种山药，可以作基肥、追肥或用于浸种、蘸根和叶面喷施。作基肥时，称取 250 克左右稀释成 0.01% ~0.05% 水溶液，与有机肥混合施用；作追肥时，取 25 克稀释成 0.01% ~0.05% 水溶液进行根部浇灌；浸种时的浓度要更低，一般为 0.005% ~0.05%，浸泡 5~10 小时，硬壳种子需浸泡更长时间；蘸根的浓度以 0.01% ~0.05% 为宜。

3）黄腐酸 黄腐酸是腐殖酸的一部分，在实际生产中作为肥料用制品呈黑色粉末状，具有刺激山药根系生长、增强光合作用、提高抗旱能力的作用。制品中的黄腐酸含量一般在 80% 以上，水分含量小于 10%，pH 2.5 左右，主要用于拌种、蘸根和叶面喷施。

7. 氨基酸类肥料 以氨基酸为主要成分，掺入无机肥制成的肥料称为氨基酸肥。农用氨基酸的生产主要以有机废料（皮革、毛发等）为原料，化学水解或生物发酵而制得。在此基础上，添加微量元素混合浓缩成为氨基酸叶面肥料。

（二）施肥

根据山药的生长发育特点，科学施肥，既能保证当季山药高产稳产，又有利于防止土壤盐渍化、酸化，或防止连作障碍，为山药生长发育创造出一个良好的土壤条件。

1. **山药的需肥特点**　在有限的土地上连续多年栽培山药,从土壤中吸收的固有养分物质较多,因此,重茬地栽培山药要比生茬地栽培山药施入更多的肥料,才能满足山药生长发育的需要。应以增施有机肥为主,配合适量的全素化学肥料。氮肥是山药的主要营养元素,是构成蛋白质的主要成分,在供氮充足的情况下,叶色深绿,光合作用强,促进山药产量和品质的提高。磷肥是山药体内化合物的组成元素,能促进根系的伸展和地上部的生长发育,加强光合作用和碳水化合物的合成与运转。钾肥作为品质因子,钾供应充足时,叶片肥厚,茎秆粗壮,多发分枝,块茎肥大,抗病性强,品质优良。

2. **山药的肥料利用率**　山药对肥料的利用率一般为:氮素化肥 30% ~50%,磷素化肥 15% ~30%,钾素化肥 50%~80%;一般有机肥的氮、磷、钾利用率为 20%~30%。

3. **选择适宜的肥料品种**　最好施用含纤维素较多的马(驴、骡)粪等有机肥,既可提高土壤对养分的调节能力,防止盐类积累,延缓土壤盐渍化的进程,又可利用微生物分解有机物产生的热量来提高地温。尽量不施用对土壤有副作用的肥料,如氯化钾可使土壤中氯离子浓度增高,硝酸钾易形成土壤盐类浓度障碍,未腐熟的有机肥易把病原菌、虫卵等带到土壤中,使山药生长不良或发病。

4. **推广施肥的科学监测**　用电导仪(也称 EC 计,所测得的数据为 EC 值,即电阻率的倒数值,单位为毫欧姆 / 厘米)来监测土壤溶液浓度,EC 值接近生育障碍临界值时,就要停止施肥,并适当浇水,以避免山药出现生长障碍。

5. **基肥深施,追肥限量**　化肥作基肥时要深施,最好把化肥与有机肥混合后施于地表,然后进行深翻。化肥作追肥时尽量少量多次,应严格控制每次的追肥量,不能一次追肥过多,以防止土壤溶液浓度增高,可适当增加追肥次数,以满足山药对养分的需要。

6. **提倡叶面施肥**　山药的叶片和嫩茎的表面有吸收养分的功能,叶面施肥不会增加土壤溶液的浓度,应大力提倡。适于叶面施肥的化肥应符合下列条件:能溶于水,没有挥发性,不含氯离子及有害成分。适于叶面施肥的化肥有尿素、硫酸铵、硝酸铵、硫酸钾、磷酸二氢钾和硝酸钾等。此外,还有过磷酸钙,虽然它不能全部溶解于水,但其主要成分是磷酸二氢钙,能溶于水,一般先配成浓度大的母液,静置后待不溶的硫酸钙沉淀下来,取上部清液,稀释后即可用于叶面喷施。山药吸收养分主要通过根系来完成,但叶片同样具有吸收功能,由于土壤对养分的固定,加上根系在生长后期的吸收功能衰退,因此,为了保持山药在整个生育期的养分平衡吸收,叶面施肥作为一种强化山药营养的手段逐渐在农业生产中被广泛地应用。

1)叶面肥的种类

(1)从营养成分来分　有大量元素的(氮、磷、钾),也有微量元素的(以微肥为主)。

(2)从产品剂型来分　有固体的、液体的,也有特殊工艺制成膏状的。

(3)从产品构成来分　具有复合化的特征,一般将氮、磷、钾、微肥与氨基酸、腐殖酸或有机络合剂复合形成多元、复合的叶面肥。

2)复合叶面肥组成　一个完整的复合叶面肥,一般由以下几个基本部分组成:

(1)大量营养元素叶面肥　一般占溶质的 60% ~80%,主要由尿素和硝酸铵配成,硫酸铵等一般不用作氮源。

（2）微量营养元素叶面肥　微肥的肥效与微量营养元素的形态关系密切，微量营养元素叶面肥中必须是稳定的和可溶解的。金属络合物或螯合物可增加微量营养元素的稳定性和移动性，因此金属螯合物比普通无机酸盐肥效高，所需用量也少得多。但是因为工业有机螯合剂价格较高，各国大多利用腐殖酸、氨基酸等天然有机螯合剂制成微量营养元素螯合物，具有成本低，应用范围广，特别适于用作叶面喷施肥料。微量元素肥料主要指硼、锰、锌、铜、钼等元素。山药生长对它们的需要量虽然不多，但却是不可缺少的，一旦不足，就会严重影响山药的生长。有些缺乏微量元素的土壤，使用相应的微量元素，就可起到显著的增产作用。但这类肥料大多用作种肥和叶面喷施，多结合防治病虫害，将微肥混入药液中喷洒，使用时一定要注意微肥和农药的化学性质，不要因混合不当而影响药效和肥效。一般加入量可占溶质的 5%~30%。将微量元素用于叶面喷施，效果明显高于等量根部施肥。通用型复合营养液常加入 5~8 种中量元素和微肥（如硼、锰、铜、锌、钼、铁、镁、钙肥）；专用型复合营养液大都加入对喷施山药有肯定效果的 2~5 种微肥，或可对其中 1~2 种适当增加用量。

（3）激素与维生素　山药激素有生长素（如吲哚乙酸，促进生长）、赤霉素与矮壮素（促进或控制生长）、细胞分裂素、脱落素和乙烯（促进成熟）、芸薹素（增强抗逆性）等。营养液中配入的激素主要是生长素和矮壮素类。由于激素具有虽可被叶面吸收，但不易很快转移至生理作用中心的特点，因此必须在对拟用山药单独喷施试验确认有效的基础上配入，并控制用量，予以说明。用于添加的维生素，最常用的是水溶性并且较稳定的维生素 B_1 和维生素 B_2，但须慎用。加有生长素和维生素的营养液，需要注意防止发霉变质。

（4）表面活性剂　这是一种助剂，目的是减少营养液雾滴接触叶面时的表面张力，使其易于黏附，减少损失，增加叶面吸收，这对叶表面蜡质厚、茸毛少的山药叶片尤其重要，如烷基苯磺酸铵和烷基磺酰氯等。营养液中的助剂可添加在原液中，也可在稀释使用时加入，还可用少量碱性不重的普通肥皂粉作为助剂，一般 0.5 千克原液或 50 千克稀释液加普通肥皂粉 25~50 克。营养液中虽可加入多种组分，但一般没有必要。目前最常见的营养液由大量元素（氮、磷、钾）、中量、微量元素及表面活性剂几部分组成。

3）叶面喷施的溶液浓度　在山药上，一般大量元素肥料的喷施浓度为 0.1%~1%，微量元素肥料溶液浓度为 0.01%~0.1%。

7. 山药的施肥技术

1）施肥量的确定　目前，我国大多数山药生产多采用经验施肥法，为使山药生产取得更好的经济效益，应采用科学的施肥方法。根据研究结果，在此推荐山药养分平衡测土施肥法。

（1）施肥量的计算公式　可根据下列公式计算山药施肥量。

施肥量（千克/亩）=（山药单位产量养分吸收量 × 目标产量 − 山药田土壤可供养分量）/（肥料养分含量 × 肥料当季利用率）

注：①由于土壤特性，施用肥料的种类与数量，山药品种特性、需肥特性及栽培条件，特别是山

药收获期及其成熟度不同，每种山药的养分吸收量相差较大。②山药田土壤可供养分量，土壤可供养分量＝土壤速效养分测定值×0.15×速效养分校正系数。0.15是土壤速效养分测定值（毫克／千克换算成千克／亩）的换算系数；速效养分校正系数是土壤速效养分利用系数，是计算土壤可供养分量的关键。

（2）施肥量的计算方法　将测定出的土壤速效养分含量值和以上提供的各项数据，分别代入求施肥量的公式中，即可计算出氮、磷、钾的施肥量。没有测土条件的地方，可参考当地土壤普查时测定的数据，也可根据当地山药田土壤肥力和山药产量来确定施肥量。目前在一家一户的生产条件下，也可只根据山药养分吸收量和山药产量来确定施肥量。

2）施肥时期　应根据山药的营养生理特点来确定适宜的施肥时期和肥料种类。山药苗期一般吸收养分不多，而在山药地上部旺盛生长期和块茎膨大期是山药吸收养分的两个需肥高峰期。

3）施肥方法

（1）基肥　山药播种前或定植前结合翻地施入土壤中的肥料称为基肥。基肥是山药优质高产的营养基础，不仅供给山药必需的养分，而且可以培肥和改良土壤。山药标准化生产应十分重视基肥的重要作用。基肥应以有机肥为主，有机肥的施用方法，要依据有机肥的腐熟程度和数量而定，腐熟程度不好而量又大的有机肥，应撒施于地表，结合耕地翻入土壤中；腐熟程度充分且使用量又少的有机肥，则应集中沟施（图3-3），如量多也可以一半用于沟施，一半用于全田撒施，既能满足山药对养分的需求，又能达到培肥土壤的目的。

图3-3　集中沟施有机肥（段英俊　供图）

沟施时，必须用充分腐熟的有机肥，并且不能施得太多，避免引起烧根，穴施时还要把肥土混合均匀。为了使山药在定植后迅速生长，经常使用化肥作种肥，常用的有过磷酸钙、磷酸二铵和复合肥。一般每亩施用量：复合肥为2~4千克，过磷酸钙为14~15千克，磷酸二铵为3~5千克。其中过磷酸钙最好与有机肥一起堆沤，混合均匀后施用，其肥效更好。北方土壤多为碱性，有效磷容易被固定而失去作用，因而应减少过磷酸钙与土壤的直接接触。

（2）追肥　在山药播种或定植后所施用的肥料称追肥。一般以速效化肥为主，其中以氮肥为主，钾肥次之；在山药生育前期也可追施充分腐熟的饼肥、多元复合肥，有时也可追施磷肥。

追肥要根据山药不同的生长发育阶段，多次施用，以少施、勤施为原则。追肥的次数可根据山药栽培地块的土质来确定，黏土地栽培的山药可在全生长期追2~3次肥，沙土地栽培的山药全生长期追5~8次或更多次肥。一般每隔10~15天追1次肥。因为，沙土地离子代换量小，一次追肥量过大，不仅山药植株吸收不了，还会引起烧苗，遇降水和灌溉，还会造成养分淋失，不但造成浪费，而且导致土壤盐分浓度过高，妨碍山药生长。

①随水冲施。山药浇水时，把定量化肥施在水沟内，随浇水渗入山药根系周围的土壤内。这种方法浪费肥料，使肥料在渠道内渗漏流失，山药根系达不到的地方，也渗入部分肥料。但用法简单，省工省时，劳动量不大。

②撒施。山药浇完水后趁畦土还潮湿，但能下地操作时，将定量化肥撒于山药畦面或株行间，然后深锄，将土肥混匀。这种方法也比较简单，但仍有一部分养分会挥发损失，特别是碳酸氢铵挥发性强，不宜撒施；硝酸铵、硫酸铵、尿素、硫酸钾可以撒施。

③埋施。在山药行间、株间开沟或挖穴，把定量化肥施入沟内或穴内，再埋上土。这种方法养分损失少，比较经济，但劳动量大，费工，操作不方便。并且要注意安全用肥，施肥沟、穴要距山药基部10厘米以上，因为肥料集中，浓度大，需从周围吸水溶解化肥，离根太近时容易把山药根系的水分吸出来而造成烧根。同时挖沟、穴离根系太近也容易损伤山药根系。

④水肥一体化施肥。近几年来，随着山药生产水肥一体化技术的发展，应用地膜覆盖，配套滴灌施肥，使山药追肥走上了自动化的道路。在应用地膜覆盖配套使用滴灌的栽培方式中，在水源进入滴灌主管的部位安装文丘里施肥器，用一容器把化肥溶解，插入文丘里施肥器的吸入管过滤嘴，肥料即可随着浇水自动进入山药根系的土壤中，由于地膜覆盖，几乎不挥发、不损失，且肥料较集中，浓度小，既安全，又省工省力，效果好。这是目前较好的施肥方法，只要搞地膜覆盖，有配套滴灌设备和水源就能使用。常见的水肥一体化设备如图3-4至图3-7所示。

图 3-4 小型水肥一体化设备

图 3-5 中型水肥一体化设备

图 3-6 大型水肥一体化设备

图 3-7 自走式水肥一体化设备

⑤叶面施肥。也称根外追肥。山药生长快，产量高。如果不注意施肥管理，山药生长中后期易出现脱肥、早衰、多病等问题。管理中除注意及时追肥外，可结合施药防治病虫害，进行多次叶面施肥，以补充山药养分的不足。这种方法用肥量少，肥效快，又可避免养分被土壤固定，也是一种经济、有效的施肥方法。

叶面施肥所使用的肥料，除了尿素、磷酸二氢钾、硫酸钾、硝酸钾外，近几年来，有很多厂家研制出适于作叶面施肥的大量元素加微量元素或含有多种氨基酸成分的肥料，都有一定效果。

叶面喷施磷、钾肥，宜在山药块茎膨大期使用，以促进块茎膨大。

叶面喷施肥料要求在无风的晴天进行，最好在白天露水落干后至9时前及16时后喷施。叶面施肥的喷施次数一般为10~15天1次，也可以根据山药缺素情况及养分在山药体内运转的快慢而定。氮、钾养分运转快，喷施的次数可少些，一般在生长期间或关键时期喷施1~2次即可；磷的运转速度慢，可喷施2~3次；微量元素在山药体内运转极慢，可喷施3~4次。

（三）整地

1. 翻耕

1）第一次翻耕　前茬作物收获后，及时清除前茬作物的枯枝残叶，在立冬前进行第一次翻耕晒垡，一般深耕25~30厘米（图3-8）。冬翻不但能改良土壤的理化性状，蓄水保肥，加深耕作层，提高土壤肥力，而且还能冻死虫卵和害虫，消灭病菌，特别是山药枯萎病、细菌性角斑病、炭疽病，往往附在枯枝残叶上。枯枝残叶被深埋地下，经过发酵腐败，加之低温冰冻，能使病菌钝化，减轻危害。深翻后不必耙耱，此时，若墒情不足，可冬灌。

2）第二次翻耕　在雨水至惊蛰期间，视土壤解冻情况进行第二次翻耕。春季结合第二次翻耕每亩均匀分层施入充分腐熟有机肥3~5米^3，饼肥50~100千克，氮、磷、钾三元素复合肥100千克，或磷肥50千克、尿素10千克、硫酸钾15千克作基肥，严禁使用硝态氮肥，如图3-9、图3-10所示。

图3-8　冬前翻地晒垡

图 3-9　全田撒施有机肥

图 3-10　第二次翻耕施肥后细耙并整平地面

2.**土壤处理**　在传统山药植株产区，连年种植山药，一些山药土传病菌会大量积累于土壤中，山药虫害也大量潜伏于土壤之中，特别是重茬地栽培山药，可能还会同时伴有土壤障碍的发生。如果不引起重视，即会造成严重减产甚至绝收。

土壤消毒是一种高效快速杀灭土壤中真菌、细菌、线虫、杂草、土传病毒、地下害虫的技术，能很好地解决重茬地栽培山药的土壤问题，并能显著提高山药的产量和品质。

1）喷淋或浇灌法 将农药用清水稀释成一定浓度，用喷雾器喷淋于土壤表层，或直接浇灌到土壤中，使药液渗入土壤深层，杀死土中病菌。浇灌法施药用于重茬山药田的土传病害防治，效果显著。常用消毒剂有多菌灵、敌磺钠、噁霉灵等。

2）毒土法 先将药剂配成毒土，然后施用。毒土的配制方法是将农药（乳油或可湿性粉剂）与具有一定湿度的细土按比例混匀制成。毒土的施用方法有沟施、穴施和撒施。

在定植前，结合山药开沟起垄，在播种沟浇灌 10% 抗枯灵水剂 300 倍液，或 50% 多菌灵可湿性粉剂 500 倍液，或 70% 甲基硫菌灵可湿性粉剂 +90% 敌磺钠可湿性粉剂 1 000 倍液于土壤；然后用聚乙烯塑料薄膜覆盖并密封地面，7~10 天掀开塑料薄膜并中耕浇药沟，释放出土壤没有吸收的农药残留。在土壤中药剂基本挥发、用手抓起土壤闻不到药味时方可定植山药。该法对山药褐腐病、根腐病、黄萎病、青枯病、白绢病、枯萎病的防治效果较好。

为减少生产投工，降低生产投资，河南省一些地区，如周口市、商丘市、开封市的山药生产者，常常把此工序延后至山药播种后封土前操作，也就是在起好的山药垄沟内摆上山药种栽后，再选上述杀菌剂的一种，配制一定浓度与杀虫剂 50% 辛硫磷乳油 1 000 倍液，或亩用 10% 噻唑膦颗粒剂和细土搅拌均匀［1 500~2 000 克颗粒剂拌细土（或炒香的大豆饼肥）10~15 千克］，均匀撒施到播种沟内的山药种栽周围，再封土盖住种栽。

防治线虫、昆虫、部分草籽、轮枝菌及其他真菌，可用喷射器向土壤中喷射氯化苦或石灰氮，每隔 20~30 厘米，向 8~15 厘米深土壤注入 2~4 毫升，或每立方米土壤（或营养土）施入 150 毫升，用塑料薄膜等覆盖密封 3 天，处理后经较长时间风干后使用。

3. 做垄及栽培 采取垄栽山药可显著增加土壤的表面积，土壤吸收热量多、增温快，有利于提高根系的活力，同时，垄栽山药有利于夏秋雨季排除积水，减轻暴雨对山药的危害。目前大面积栽植山药的地区种植山药已应用机械开沟起垄、机械打洞起垄栽培，或 U 形槽崎式栽培，代替过去的人工开挖山药沟的种植方式。

1）人工起垄 在底墒足的情况下，小面积栽培者人工用锄或其他工具按规定规格起垄。在整好的地块按行距 0.7~1 米，挖与山药产品长度相等的深沟，一般深 60~100 厘米、宽 40 厘米，有的地方将沟宽限定在 20~25 厘米，但开挖困难（图 3-11、图 3-12）。挖土时表土与心土分两边堆放，经冬季充分冻融风化，翌年初春山药栽植前选择晴天将备好的肥料和土壤充分拌匀，按原来的层次回填沟内，每层填 15 厘米，用脚将中间踩实，直到将沟填平，成垄栽种 2 行山药。这种传统的挖山药沟的栽培方法费工、费力。

图 3-11　起垄前用石灰画线

图 3-12　人工起垄

关于塌墒问题，目前也有争论，有的主张在土壤回填完毕后，如果墒情不好，需要浇一次透水。在山药产区，传统的做法是栽种前必须浇水，使土壤踏实；栽种时如果墒情不好，可顺种植沟浇水。

2）机械开沟起垄　山药开沟起垄机的研制成功，使山药种植者从开挖山药沟的烦琐、艰难的劳动中解放出来。机械开沟起垄可于山药播种前一个月进行。由于开沟起垄是将开沟的螺旋钻钻入地下旋转前进，使土壤疏松深 1.7 米左右，在旋转过程中不会改变土层的位置，保持熟土层在上面，生土层在下面，即使在 1.7 米以内有 10~15 厘米的黏土层，也会被螺旋钻旋碎，因此开沟起垄机所开的沟质量好。山药开沟起垄机所开沟宽 20~25 厘米，用开沟起垄机开挖的山药沟，由于土壤变得疏松，使松土突出了地面，形成了高 20 厘米、宽 50 厘米左右的松土带，可用作山药播种的土垄，山药沟与沟间距 100 厘米。

两种起垄方法都是在生产实践中经常用的，各地可根据具体情况，因地制宜选择。无论哪种起垄方法，均须土面细碎，没有坷垃，垄高低一致，大小均匀呈拱圆形，山药地经起垄之后，如不到播种时间，可将其垄顶部和两侧拍平，并用脚沿垄两侧踩实，这样，既可保墒，又可防止遇雨后形成塌沟。

3）打洞种植　采用打洞栽培技术单行种植山药，一般于秋末冬初，经施肥、平整后，在冬闲时按行距 0.8~1.2 米，株距 0.25 米（包括作种块茎长度），选择晴天用锄头在山药垄（畦）中央开浅沟，用打孔机钻孔打洞，在浅沟上按 0.25 米左右宽的株距进行打孔，要求孔壁光滑结实，孔深 1~1.2 米，孔直径 6~8 厘米，打孔后及时填充生物质填充物。打洞栽培播种时，先用宽 20 厘米的地膜覆盖在洞口上，随即把山药种薯上的芽朝上插入洞中，然后培成宽 40 厘米、高 20 厘米的垄，每亩种植 2 500~3 300 株（图 3-13）。

图 3-13　机械打洞种植

4）"U"形槽高畦栽培　山药块茎都是竖着长的，传统的山药种植法是挖深沟或打孔（洞）种植，广东省揭阳市揭东区玉湖镇农业站林桂发等技术人员联手设计的长×宽×高规格为 100 厘米 ×6 厘米 ×3 厘米 "U"形槽，并总结出一套使用浅生槽的高产栽培技术，即人为地改变山药块茎垂直向下生长为靠近畦面土层一定斜度定向生长，利用浅土层日夜温差大、土壤疏松、通透性好的优势，使山药块茎生长快、收获容易，能在多种类型土壤大面积推广种植，达到高产、优质、高效的目的，这种模式种植山药省工、省力，节约费用，高产、高效，是一项值得推广的种植新技术，如图 3-14 所示。

图 3-14　"U"形槽种植模式

　　"U"形槽种植模式是人为地把传统垂直向下种植山药的方法变为靠近畦面土层横着有一定斜度定向种植，首先是把"U"形槽横着放在挖好的垄沟里，在槽里铺上特制的软料，然后放上山药种。在放置山药种时，要保持 15° 左右的倾斜度，这样山药不会乱长，而且生长的山药品相好、粗壮、产量高。普通种植模式大概出 50% 的甲等山药，而横着长甲等山药可以达到 90%，因为甲等山药在价格上比其他品级的贵好几倍，所以甲等山药产出率高，可以获得较高的经济收益。

　　这种种植技术能大量节省人工，因为垄沟仅需要 10~30 厘米的深度就能满足种植要求，在种植和收获时可以节省大量的人工成本，3 人一天多的时间就可以收完 1 亩地，仅需 200 元左右的工时费用，而传统种植的山药在收获时需要很多劳动力，1 亩地山药一天收完需要 30 多人，每亩的人工成本在 2 000 多元。横着种植的山药亩产比传统种植法能提高产量 20% 左右，再加上品相的收益，每亩地可增收 3 000 元以上，算上人工节省的成本，每亩能增加收入 5 000 元。

　　"U"形槽下面的土层不能太松，一定要夯实，防止"U"形槽下沉变形，槽和槽之间的行间距保持在 15~20 厘米。在种植时，要选择合适的种植时间把催好芽的山药平行放入槽的上端，必须要确保放在槽的正上面，与槽平行（图 3-15）。

图 3-15　"U"形槽播种山药种栽

放好后，最好施些有机肥料供给营养，最后覆土成垄。出苗以后要进行支架覆盖，后期注意追肥、用药和灌溉。制作"U"形槽时要重视材质，好的"U"形槽可以用两年，能节省一定的成本。在收获时，扒开上面的土层，一手拿槽的前端，另一只手托住中间抽出来即可，"U"形槽会完整无损，第二年可继续使用。

这种技术对土壤质地要求不高，而且省工增产，更重要的是传统种植法山药只能在深厚疏松的土壤生长，用"U"形槽种植法可以适应多种类型的土壤，为大面积推广提供了技术保证。

（1）加工塑料套管　选用内径6~7厘米的硬塑料管，用手锯锯成长1米的小段，并纵剖一刀（将管分为两半），然后在塑料管的一端距端口20厘米处向端口斜切，将端口切成马蹄形。再从塑料管的另一端至中间部位，用手钻或电钻打孔，孔径为1厘米，间距3厘米，每排打6个孔，共打4排。加工成的塑料套管可以使用6~8年。

（2）挖沟埋套管　一般在土壤解冻后，挖山药沟，沟宽30~40厘米，深50~60厘米，间距60厘米。挖时要分层取土，以便回填。填平沟底，将塑料套管按30厘米间距均匀摆放，使切口一端向上，再回填土层15厘米厚，边踏实，边把塑料套管按60°的斜度排成一排，上端平齐。然后再回填土层10~15厘米，踏实后填入一半熟土（不要踏踩），之后施入肥料，再用熟土把山药沟填平。

（3）整畦做标记　每2行山药做一个平畦，畦宽1.4~1.5米。做畦前，施入既定的肥料，深翻后整平畦面。在畦的两端、塑料套管的行线上做标记，以便播种时查找塑料套管。播种先用锄头沿标记行开沟，沟深8~10厘米，找到塑料套管，然后浇水。水渗完后，将种栽插入管中，露出管口3~5厘米，先把湿土覆盖在种栽上，再覆盖一层干土，等水浸透干土后，用干土把种植沟覆平。

（4）高畦高度的确定　由于地区、地势、土质、季节、气候、水位、降水量及耕作管理水平等条件不同，对高畦高度的规格要求也不同。一定要因地制宜，以便充分发挥这种栽培方法和当地自然资源的优势，根据各地的经验，也有一些原则可以遵循。如寒地进行山药栽培时，影响山药生长发育的主要矛盾是地温、气温偏低。采用高畦地膜覆盖技术是提高地温的有效方法。而且高畦高度不同，增温效果也不同，高度越高增温值越大。从测定耕作层土壤含水量的变化情况来看，比较高的畦，有利于多雨地区和低洼易涝地块避免雨涝带来的危害，但不利于旱季、干旱地区、山岗、坡地种植。从全国情况看，畦高15厘米、20厘米、30厘米、40厘米的都有。

江南地区的年降水量多、地下水位高、土质黏重、有不渗水的土层等因素，应以防涝为主，高畦比江北的高一些为宜，一般在30~35厘米。在少雨地区或灌溉条件差的岗坡地，高畦则偏低一些为好。

华北、东北地区，一般土层深厚，土壤渗透力强，春季较干旱，并常伴有大风，早春温度低，以增温、保墒、防低温、冷冻为主要目标，畦高以30~40厘米为宜。

在水源充足、土质偏黏、有胶泥底不渗水层、地势低洼等地块，畦做得高一些较好；在沙性土壤、漏水漏肥、高岗、丘陵、坡地和缺少水源、不能保证灌溉等地块，高畦则偏低一些为好。

雨季的降水量多而集中，要以便于排水防涝为中心，同时须考虑在雨季有时也可能遇到干旱、缺少降水的情况，耕作层较浅的丘陵山地，若水源有保证，高畦的高度可达到15~20厘米，在低洼易积水的地块，还可使高畦的高度达到25~30厘米。

①种植山药的地块，种植后要在地头挖排水沟，并与外沟相通，尤其是开沟种植更为重要，保证雨季排水畅通，不致塌沟，提高产量和商品率，如图3-16、图3-17所示。

图3-16　种植山药的地块，地头必须有排水沟，以防止遇暴雨后山药田间积水造成塌垄

图3-17　种植山药的地块，地头必须有排水沟，地头水沟较深，需要在地头安装一个下水管，以防止冲塌山药栽培垄

②栽培山药的垄长以30米为宜，如图3-18所示。

图3-18　山药栽培垄长在20米左右，以防止浇水不当或遇到大暴雨后造成大面积山药垄塌方

③有机肥是保证山药丰收的主要肥料。选用的有机肥，一定要通过先沤制再高温堆放，促使其完全腐熟，以杀死害虫、虫卵和病原菌，消除有害物质。否则，会造成病虫害、烧根等不良现象发生。

④在整地过程中土壤一定要犁细耙透，不留明暗坷垃；农家肥一定要捣碎，否则山药生长过程中遇到生粪块，易分叉，降低产品商品率。

（四）常见山药种植机械

山药打孔（洞）、起垄、覆膜、封土镇压、铺滴灌管机械如图3-19至图3-23所示。

图3-19　山药打孔（洞）机组

图 3-20　山药扶垄开播种沟一体机组

图 3-21　山药栽培起垄机组

图 3-22　山药栽培垄封土与压垄一体化机组

图 3-23　山药播种后铺滴灌管与覆膜机组

四、播种

山药的栽植方式有 2 种：一种是将经过处理的山药种栽直接栽植到地里；另一种是在栽植前一个月采用温床催芽，待芽长到 3~5 厘米时定植大田。大面积生产者多采用直接在地里栽植的方法。

（一）适时栽植

山药种栽发芽的适宜温度为 12~15℃。当 5 厘米地温稳定在 10℃ 时，芦头上的定芽就开始萌动，出现乳白色的馒头状的细小突起。只要地表不冻，力争早栽早发。就节令来说，长江中下游流域一般在春分时节前后种植，黄河中下游流域一般在清明节前后栽植。总之应保证当山药出苗时，不能再有严霜出现。只要采取完善的防冻措施，栽植时间越早越利于高产。

（二）合理密植

肥地稀，瘦地密；大块品种稀，小块品种密。行（垄）距的大小因地块肥瘦和品种的不同而有差异。

1.**大块茎类型品种**　淮山药、菜山药，如九斤黄、西施等品种，由于单株产量高，行（垄）距可定为 100 厘米，在高垄上开沟栽植（已经机械开沟者免去此道工序），方法是将山药种栽上端朝同一个方向摆放（图 4-1），适宜的株距为 20~30 厘米，每亩定植 2 200~3 300 株。播种时发现种栽染病，应剔除不用（图 4-2）。

图4-1 山药种栽上端朝同一个方向摆放

图4-2 播种时发现种栽染病，剔除不用

2. **小块茎类型品种** 怀山药、铁棍山药、太谷山药等品种，由于单株产量太低，可以按1.2米打成畦，每畦4行，畦埂40厘米、株距为20~30厘米，通风透光，利于生长，对提高产量和品质都会起到重要作用。一般用山药芦头栽植（图4-3），将山药芦头顺沟按同一方向横卧或倾斜栽入，喷洒杀虫、杀菌剂防治病虫害，然后用土培成三角形垄背，铺上滴灌管。

图4-3 铁棍山药芦头栽子

3. **寒地栽培的扁块山药** 寒地栽培的扁块山药耕深较浅，按60~100厘米宽做平畦或高畦栽培，表土与心土分两边堆放，经冻垡后，再择晴天填土，先填心土，后填表土，每次填土深在10~12厘米，分层填土，分层踩实。两脚贴沟壁踩实，中间留一条松土，如此分层踩实，直至将沟变成垄，等待播种。寒地栽培的扁块山药播种如图4-4、图4-5所示。

图 4-4　寒地栽培的扁块山药芦头栽子播种（段英俊　供图）

图 4-5　寒地栽培的扁块山药珠芽繁殖的山药栽子播种（段英俊　供图）

（三）覆土与土壤处理

种栽排好后，经再次喷洒防治病虫害药液后就可以用土覆盖，如图4-6所示。

图4-6　种栽摆好后喷洒防治病虫害药液

覆土分两步，先用生土或细沙盖住山药约1厘米厚，再用土盖好，用铁耙搂平，再轻轻拍实保墒即可。

播种以后，将山药垄用脚踩实或用农具拍实，以防止遇大雨造成塌垄，如图4-7、图4-8所示。

图4-7　播种后用脚踩实山药垄，防治浇水或遇暴雨后山药沟塌方

图 4-8　用农具铲平山药垄沟底部，防止浇水或遇暴雨后山药沟塌方

（四）水肥一体化（滴灌）配套

山药有两张"嘴巴"，根系是它的"大嘴巴"，叶片是它的"小嘴巴"。大量的营养元素和水是通过根系吸收的，叶面喷肥只能起补充作用。水肥一体化（滴灌）可以通过延长灌溉时间和增加滴头数量来增加供水、供肥量，以满足山药生长发育对水、肥的需求。对于滴灌，由于存在土壤的缓冲作用，肥料浓度可以稍高一些。

1. 水肥一体化运营效益分析　滴灌管有多种规格，壁厚从 0.2~1.2 毫米，越厚越抗机械损伤。所有滴灌管都加有抗老化材料，在没有机械损伤的情况下，厚壁和薄壁滴灌管的使用寿命是一样的。很多薄壁滴灌管寿命短主要是机械破损导致漏水。从机械破损的角度来看，越厚的滴灌管寿命越长。不同山药及栽培方式对滴灌管使用年限要求不同。

高标准建设的滴灌系统每亩造价在 1 000 元左右，设计寿命为 10 年，折合每年每亩使用成本为 100 元。由于滴灌系统对压力的要求较低，能够最大限度地节约能源。以面积 100 亩的山药园滴灌系统为例，每年用电量约 1 200 千瓦时，以现行农用电价每度 0.56 元计算，费用为 672 元，每亩能源投入只需 6.72 元。

滴灌是最节能的灌溉及施肥方式。安装滴灌后，一方面可以节省肥料开支，按省肥 30% 计算，每年每亩可节约开支 30~50 元；另一方面可以增加产量和品质，从而增加收入，以增收 10% 计算，每年每亩可增收 120~800 元，这还没有考虑到节省人工和保障丰产等隐性的价值。可见，安装滴灌是十分划算的，我们不能因为滴灌一次性的投资大，不考虑综合成本与效益而主观认为不经济。

2.**水肥一体化的概念**　狭义来讲，就是通过灌溉系统施肥浇水，山药在吸收水分的同时吸收养分。一般与灌溉同时进行的施肥，是在压力作用下，将肥料溶液注入灌溉输水管道而实现的。溶有肥料的灌溉水，通过灌水器（喷头、微喷头和滴头等），将肥液喷洒到山药植株茎叶上或滴入山药根区。广义讲，就是把肥料溶解后施用，有淋施、浇施、喷施、管道施用等。

3.**水肥一体化技术的理论基础**　我们施到土壤的肥料怎样才能到达山药的"嘴边"呢？一般有两个过程：

1）扩散过程　肥料溶解后进入土壤溶液，靠近根表的养分被吸收，浓度降低，远离根表的土壤溶液浓度相对较高产生扩散，养分向浓度低的根表移动，最后被吸收。

2）质流过程　山药在有阳光的情况下叶片气孔张开，进行蒸腾作用（这是山药的生理现象），导致水分损失。根系必须源源不断地吸收水分供叶片蒸腾耗水。靠近根系的水分被吸收了，远处的水就会流向根表，溶解于水中的养分也跟着到达根表，从而被根系吸收。因此，肥料一定要溶解才能被吸收，不溶解的肥料山药"吃不到嘴里"，是无效的。在实践中就要求灌溉和施肥同时进行（或叫水肥一体化管理），这样施入土壤的肥料被充分吸收，肥料利用率大幅度提高。

4.**常用的水肥一体化措施**　水肥一体化的前提条件就是把肥料先溶解。然后通过多种方式施用，如叶面喷施、淋施、浇施、喷灌施用、微喷灌施用（南方最普及水带喷施）、滴灌施用、茎秆注射施用等。其中滴灌施用由于延长了施肥时间，效果最好，最节省肥料。

5.**滴灌施肥的优点**

1）精确施肥　滴灌施肥是一种精确施肥法，可以灵活、方便、准确地控制施肥时间和数量，使肥料只施在植株的根部，显著提高肥料利用率，与常规施肥相比，可节省肥料用量 30%~50%；能显著增加产量和提高品质，增强山药抵御不良天气的能力，有利于实现标准化栽培。

2）节省施肥劳动力　滴灌施肥和浇水不用开沟、覆土，速度快，上百亩的面积可以在一天内完成灌溉施肥任务。滴灌施肥是设施灌溉和施肥，整个系统的操作控制只需一个劳动力就可轻松完成灌溉施肥任务。这对于山药种植集中地区及丘陵山地山药园，其节省劳动力的效果非常明显。

可利用边际土壤种植山药，如沙地、高山陡坡地、轻度盐碱地等；比传统施肥方法大量节省施肥劳动力 90% 以上。

3）节能环保　首先，使用水肥一体化滴灌系统，可以轻松实现少量多次施肥，可以按照山药需肥规律施肥；其次，可以减少因挥发、淋洗而造成的肥料浪费，从而大大地提高肥料利用率。一般来说，土壤肥力水平越低，节省肥料效果越明显。对于较黏重的土壤，将滴灌管埋于土层一定的深度，通过空气压缩机向土壤灌气，可以解决根部缺氧问题。

由于滴灌可以做到精确的水肥调控，在土层深厚的情况下，可以将根系引入土壤底层，避免夏季土壤表面的高温对根系的伤害。有利于防止肥料淋溶至地下水而污染水体；由于水肥的协调作用，可以显著减少水的用量。加上设施灌溉本身的节水效果，节水可达 50% 以上；滴灌施肥可以减少病害的传播，特别是随水传播的病害，如枯萎病。滴灌是单株灌溉的，滴灌时水分向土壤入渗，地面相对干燥，降低了株行间湿度，发病也会显著减轻；滴灌施肥只湿润根层，行间没有水肥供应，杂草生长也会显著减少；滴灌可以滴入农药，对土壤害虫、根部病害有较好的防治作用。

滴头流量有很多种选择，常见的为 1.0~10.0 升 / 时。滴头流量的选择主要是由土壤质地决定的，一般质地越黏重，滴头流量越小。滴头每秒的出水量虽然很小，但是灌水时间长。以规格为 2.3 升 / 时的滴头为例，如每棵山药安排两个滴头，流量在 1.0 升 / 时，灌水时间为 2.5 小时，每株山药将得到 5 升水。滴灌可以通过延长灌溉时间和增加滴头数量来增加供水量，可以满足山药在各种干旱炎热气候下的需水量。

6. **滴灌对水质的要求**　由于滴头为精密部件，对灌溉水中的杂质粒度有一定的要求，滴灌要求粒度不大于 120 目，才能保证滴头不堵塞。如果水源过滤措施和设备符合要求，井水、渠水、河水、山塘水等都可以用于滴灌。水源过滤设备是滴灌系统的核心部件，如果滴灌系统不能正常工作经常是因过滤设备不符合要求或疏于清洗过滤器引起的。

7. **过滤器选择标准**　滴灌的关键是防堵塞。选择合适的过滤器是滴灌成功的先决条件。常用的过滤器有沙石分离器、介质过滤器、网式过滤器和叠片过滤器。前两者做初级过滤用，后两者做二级过滤用。过滤器有很多的规格，选择什么过滤器及其组合主要由水质决定。这是较专业的问题，最好由专业人士设计和选择。

8. **适用的肥料种类**　只要是能溶于水（最好是不溶性杂质含量低于 0.5%）的化肥都能够通过滴灌系统来施用。最好选用水溶性复合肥，溶解性好，养分含量高，养分多元，见效快。

9. **滴灌可施用有机肥**　滴灌系统是液体压力输水系统，显然不能直接使用固体有机肥。但我们可以使用有机肥沤制的沼液，经过沉淀、过滤后施用，如鸡粪、猪粪等沤腐后过滤使用。采用三级过滤系统，先用 20 目不锈钢网过滤，再用 80 目不锈钢网过滤，最后用 120 目叠片过滤器过滤。通过滴灌系统施用液体有机肥，不仅克服了单纯施用化肥可能导致的弊端，而且省工省事，施肥均匀，肥效显著。

10. **滴灌系统施肥常用方法**　根据滴灌系统设置的不同，可以采用多种施肥方法。常用的有重力自压施肥法、泵吸肥法、泵注肥法、旁通罐施肥法、文丘里施肥法、比例施肥法等。具体采用何种施肥方法要咨询专业人员或参考更详细的资料。

11. **滴灌施肥注意事项**　一是过量灌溉问题。很多用户总感觉滴灌出水少，结果延长灌溉时间。延长灌溉时间既浪费水，又把不被土壤吸附的养分淋洗到根层以下，浪费肥料。特别是氮的淋洗。一般水溶复合（混）肥料中含尿素、硝态氮，这两种氮源最容易被淋洗掉。过量灌溉常常表现出缺氮症状，叶片发黄，山药生长受阻。二是施肥后的洗管问题。一般先滴水，等管道完全充满水后开始施肥，原则上施肥时间越长越好。施肥结束后要继续滴半小时清水，将管道内残留的肥液全部排出。许多用户滴肥后不洗管，最后滴头处生长了藻类及微生物，导致滴头堵塞。准确的滴清水时间可以用电导率仪监控。

12. **避免过量灌溉的方法** 滴灌施肥只灌溉根系和给根系施肥。因此一定要了解所管理的山药根系分布的深度。最简单的办法就是用小铲挖开根层查看湿润的深度，从而可以判断是否存在过量灌溉。或者在地里埋设张力计监控灌溉的深度。

13. **在雨季土壤不缺水情况下的滴灌施肥技术** 在土壤不缺水的情况下，施肥要照常进行。一般等雨停后或土壤稍微干燥时进行。此时施肥一定要加快速度。一般控制在 30 分左右完成。施肥后不洗管，等天气晴朗后再洗管。如果能用电导率仪监测土壤溶液的电导率，可以精确控制施肥时间，确保肥料不被淋洗。

14. **滴灌施肥的浓度控制技术** 很多肥料本身就是无机盐。当浓度太高时会烧伤叶片或根系。通过灌溉系统喷肥或滴肥一定要控制浓度。最准确的办法就是测定喷施的肥液或滴头出口的肥液的 EC 值，一般把 EC 值控制在 1.0~3.0 毫欧姆 / 厘米，或者水溶性肥稀释 400~1 000 倍，或者每立方米水中加入 1~3 千克水溶性复合肥喷施都是安全的。对于滴灌，由于存在土壤的缓冲作用，浓度可以稍高一些。

15. **山地种植滴灌技术** 为了节省开支，山药园地形高差在 25 米内的，安装滴灌一般不需要修建蓄水池，只要选择合适扬程和流量的水泵即可。对于地形高差在 25 米以上的，最好在山药园最高处修建一个蓄水池，采用重力滴灌系统，较为省钱。

滴头分普通滴头和压力补偿滴头。普通滴头的流量是与压力成正比的，一般只能在平地上使用。而压力补偿滴头在一定的压力变化范围内可以保持均匀的恒定流量。山地果园、茶园或林木区往往存在不同程度的高差，用普通滴头会导致出水不均匀，一般表现为高处水少，低处水多。用压力补偿滴头就可以解决这个问题。为了保证管道各处的出水均匀一致，地形起伏高差大于 3 米时，就应该使用压力补偿式滴头。

田间排水工程做不好，就易使山药塌沟，山药块茎与地上茎脱离，减产可达 60%~80%。为此，必须做好田间工程，挖好山药田间腰沟和支沟，腰沟为横向沟，间距 20 米，沟宽 50 厘米，沟深 30 厘米；支沟为纵向沟间距 15 米，沟宽 100 厘米，沟深 50 厘米，支沟、腰沟纵横交错，确保排水畅通。

在播种沟内铺施有机肥不仅可持续为山药生长发育提供营养，而且有提高地温，保持墒情，稳定土壤透气、透水性能之功效。铺施有机肥应特别注意不要有粪块，必须把有机肥捣碎砸细，以防块茎尖端碰到粪块，引起分杈甚至脱水坏死。

切忌在山药沟内边填土边施有机肥。

（五）覆盖地膜及铺设滴灌管

1. **覆盖地膜的好处** 山药地膜覆盖，栽植时间可提前 15 天，覆盖地膜可以提高地温，促使山药早出苗，但是如果遇到晴朗无风的天气，就很容易使地温迅速提高到 20℃以上，从而促使山药的呼吸作用加快,造成养分的大量快速消耗,这样虽然可以使出苗提前,但主茎往往细而弱,容易造成烂种。因此,栽种时可根据当地实际情况,因地因时而定。如果栽种较早,容易遭受冻害,用地膜覆盖就可以解决这一问题。黄河中下游地区如果在清明后谷雨前栽种,种栽内部已经发生一系列生理变化,即使仍保存在室内,也已经生出幼芽,甚至幼芽已长到 2~4 厘米,这时气温已高且稳定,栽植后则可不用地膜覆盖。

2. 科学使用除草药膜 使用除草药膜,是在山药播种出苗后,覆盖山药垄表面土壤,封闭播种行,然后破孔出苗,除草药膜上的药剂在一定湿度条件下,与水滴一起转移到土壤表面或者下浸至一定深度形成药层,发挥除草作用。不需喷除草剂,不需备药械,工序简单,不仅节省工时、除草效果好、药效长,而且除草剂的残留明显低于直接喷除草剂覆盖普通地膜。

除草药膜是含有除草剂的塑料透光药膜,是将除草剂按一定的有效成分溶解后均匀涂压或者喷涂至塑料薄膜的一面。

1)甲草胺除草膜 100 米^{2}含药 7.2 克,除草剂单面析出率在 80% 以上。经各地使用,对马唐、稗草、狗尾草、画眉草、莎草、藜、苋等的防除效果在 90% 左右。

2)扑草净除草膜 100 米^{2}含药 8.0 克,除草剂单面析出率在 70%~80%。适于防除山药田和马铃薯、胡萝卜、番茄、大蒜等蔬菜田主要杂草。防除一年生杂草效果非常好。

3)异丙甲草胺除草膜 有单面有药和双面有药 2 种。单面有药的除草膜使用时应药面朝下,对山药田禾本科杂草和部分阔叶杂草的防除效果在 90% 以上。

4)乙草胺除草膜 杀草谱广,对山药田的马唐、牛筋草、马齿苋、藜等,防除效果高达 100%,是山药田除草较理想的除草药膜。

3. 科学使用有色地膜 山药生产上常用的有色地膜有黑色地膜、银灰地膜、绿色地膜,还有黑白两面的地膜等。有色膜是不含除草剂、基本不透光、具有颜色(黑、灰、绿、黑白两面等)的地膜。无药有色膜是利用基本不透光的特点,使部分杂草种子不能发芽出土,部分能发芽出土的,不见阳光也不能生长。

有色地膜除草效果较好,尤其对南方地区山药田杂草防除效果可达 100%。在除草的同时,如银灰地膜,还可驱避山药蚜虫等害虫。黑色地膜既可除草,还可以提高地温,增加产量。由于有色地膜无化学除草剂,所以无毒、无残留,适宜于生产无公害山药、绿色食品山药和有机食品山药。

温馨提示

在覆膜时,山药垄必须耙平耙细,膜要与垄面贴紧。注意不要用力拉膜,以防影响防除效果。黄河中下游地区谷雨以后播种的山药,由于此时地温已经开始进入快速上升阶段,如果买不到有色地膜或除草膜,铺普通地膜增产作用就不明显。

4. 铺设滴灌管 铺设滴灌管的工作,如果不使用铺设滴灌管与地膜覆盖一体化机组,一般在山药搭架前,就要完成此项工作,如图 4-9 所示。

图 4-9　山药行间铺设滴灌管

五、田间管理

（一）幼苗期管理

山药从栽种到80%以上幼苗破土而出的时期叫出苗期（图5-1）。从出苗到幼苗长至1米多高、真叶展开，为幼苗期（图5-2），管理目的是促使山药整齐出苗，苗壮生长，为优质高产打下良好的基础。

图5-1　出苗期植株

图 5-2　山药幼苗期植株

　　一般从栽植到出苗，使用芦头种栽播种者，需要 20 天左右；使用闷头栽子播种者，需要 30 天左右。从出苗到主茎蔓长到 50~100 厘米，约需 15 天。地下的 7~12 条吸收根，不仅可以向周围伸展 40 厘米左右，而且还产生许多分枝，形成比较完整的根系雏形。同时，在地上主茎蔓的基部，也开始形成新山药块茎的分生组织——块茎的原始体（图 5-3）。这就是说，这一个多月的时间，已经打下了山药今后生长的基础。这个基础是否扎实，直接影响到后期是否能实现优质高产的目标。

图 5-3　块茎的原始体

1. **搭架** 搭架不但有利于通风透光、提高产量，减少病虫危害，而且可以防止由于山药茎长、纤细脆弱而易被风吹断，所以必须及时搭架让其缠绕生长。给山药搭设支架的历史，可以追溯到北宋，《图经本草》的作者苏颂在关于山药的栽培和管理中说："春取宿根头，以黄沙和牛粪作畦种。苗生，以竹梢作援，援高不得过一二尺。"这就是说，早在1 000多年前，我们的祖先就采用了搭设支架的增产措施。给山药搭设支架之所以能增产，是因为可以充分利用地面3米以上的空间，使叶片均匀分布其间，最大限度地进行光合作用，制造有机物质。调节土壤的干湿度，为提高产量创造更加良好的条件。过去，在山药种植地有许多农户不搭架（图5-4），山药的茎蔓匍匐在地，仅在地面以上不足30厘米的空间里盘曲缠绕重叠，通风透光条件极差，大部分叶片得不到充足的阳光，不能有效地进行光合作用，并且旱时过干，涝时太湿，茎蔓与杂草相互缠绕，拔下草，牵动秧，山药秧即枯，致使下部叶片早早枯黄脱落，严重影响山药的正常生长，导致产量低，质量差。实践证明，搞好山药搭架生长期管理，对增产稳产提高品质都很重要。据调查，搭架较矮，山药很早就在顶部缠绕，叶片相互重叠，严重影响光合作用（图5-5）。山药行间可设置微喷管带（图5-6）。

图5-4 山药不搭架生产

图 5-5　搭架较矮，山药很早就在架顶部缠绕，叶片相互重叠，严重影响光合作用

图 5-6　山药行间的微喷管

搭设支架的材料,可以因地制宜,不必强求一致。架材不要太粗,以免增加搭架难度,影响通风透光;也不可过细,以防支架过于脆弱,没有抗风能力。可以用直径2~3厘米、长3米以上的树枝,也可用大拇指粗细的竹竿等。这些材料收集后,使用时应粗细搭配,高矮相同。如果没有上述材料,也可按一定的间距栽桩绑塑料绳、麻绳来代替。

搭设支架的时间,可以在播种种栽后立即进行(图5-7),但最好在幼苗出土30厘米左右时进行(图5-8),过早幼苗尚未出土,辨不清行株位置,常常伤种;过迟,茎蔓开始盘曲,地下根已经伸长,往往伤根伤茎。

图5-7 播种种栽后立即搭架

图5-8 幼苗出土后搭架

搭设支架的方法，一般是"人"字形架（图5-9），2根为一组；双"人"字形架（图5-10），4根为一组；四角架（图5-11），4根为一组；六角架（图5-12），6根为一组等。每株一根，插入土15~20厘米，在距地面150厘米高处交叉扎紧捆牢。也可采用四角架，每株山药一根，4根为一组，在离地面150厘米高处扎紧捆牢，或与地面垂直，另加横木固定。也可按一定距离栽混凝土柱子或较粗的竹竿（木棒），柱子上拉扯一根塑料绳或钢丝等，每棵山药植株拉一根塑料绳与柱子上拉扯的塑料绳或钢丝连接（图5-13）；或者在柱子上拉扯一根塑料绳或钢丝上绑束尼龙网（图5-14），任茎蔓在网上蔓延生长。

图5-9　山药"人"字形架栽培

图5-10　山药双"人"字形架栽培

图 5-11　山药四角架栽培

图 5-12　山药六角架栽培

图 5-13　山药绳架栽培

图 5-14　山药网架栽培

增加架的高度可以使叶片分布均匀，提高产量。架的高度可以根据山药品质及产量指标来定，高产山药架型如图 5-15 所示，低产山药架型如图 5-16 所示。

图 5-15　高产山药架型

图 5-16　低产山药架型

支架的入土深度最多不要超过 25 厘米，过浅不牢固，过深侵占根系地方，不利于山药生长。搭设支架前还要将入土部分用轻火烤炙，以减缓腐朽速度，延长使用寿命。质量好的架材可连用 3~5 年。

2. **"剃头"**　一般说来，1 支芦头只生一个新芽并长出 1 棵幼苗，但采用闷头种栽生产可同时生出 2~3 个或者更多的幼苗，如果出现这种情况，就要尽早将多余的幼苗拔出，只留 1 个健壮的幼苗，因为多长出来的茎蔓每一个都要在其基部形成基端分生组织，是一窝蜂生长的主要原因之一（图 5-17）。如果 1 个山药种栽上生长 2~3 个植株，会影响茎蔓生长和块茎的膨大，同时还会出现 1 块种蔓产生多条小块茎的现象，影响山药品质和产量。群众习惯称这一操作叫"剃头"。为了防止损伤根系，在拔除时，要一只手轻轻拔下多余的茎蔓。对于因拔出茎蔓造成的伤口，可用 1.5% 噻霉酮可湿性粉剂 800~1 000 倍液和 50% 多菌灵可溶性粉剂 500 倍液混合起来浇灌根部，以防止病害感染。

图 5-17　一株多头的植株，只保留一个头，其他枝蔓尽早掰除

3. **理蔓**　山药支架搭设好以后，要随着茎蔓的生长，经常理蔓，适当整枝。即遇有不顺架材攀爬的茎蔓、分枝，要适当加以引导，使其均匀顺架盘旋而上。地面 50 厘米以内不留侧枝，茎叶特别集中

的，要适当分散，使之均匀分布，防止过稠过稀（图5–18）。

图5–18　一株山药只留一个主茎，地面以上50厘米以内不留侧枝

4.**摘除部分珠芽**　控制地上部珠芽的产量，能集中养分，增加块茎产量。如果珠芽过多，常会与地下茎争夺养分，可适当摘除。珠芽的产量不要超过150千克/亩。过多，就会影响地下块茎膨大速度，可以剪除若干侧枝，或者摘去顶部生长点，还可喷施植物生长调节剂，促使养分向地下块茎输送。

总之，搭架和整枝是山药增产的一项重要技术措施，一定要重视。

（二）中后期管理

1.**营养管理**

1）追肥　按照每生产1 000千克山药，需氮4.32千克、磷1.07千克、钾5.38千克的要求，根据基肥使用情况，掌握和确定追肥数量。

（1）土壤追肥　山药幼苗出土后一段时间的生长发育，主要靠种块茎储藏的养分供给。此后，则要依靠根系从土壤中、叶片从空气中吸取的养分。基肥不足者，山药出苗后在山药沟两侧开沟施优质腐熟厩肥 2 000 千克，或饼肥 200 千克。6 月茎叶生长盛期及 7~8 月块茎膨大期，再各追施化肥 1 次，每亩用尿素 10~20 千克，过磷酸钙 30~40 千克，硫酸钾 10~20 千克。以后根据植株长势追肥。

追肥时氮素不能过多，否则会造成茎叶徒长，叶片大而薄，互相遮阴，块茎生长量减少，抗病性减弱，因此氮肥施用量要适中。

由于氯离子对山药块茎的形成不利，而且对块茎的品质有不良的影响，所以不宜用氯化钾或其他含氯化肥对山药进行追肥。土壤追肥要远离块茎和种栽 10 厘米以上，以免烧坏块茎和种栽。

（2）根外追肥　根外追肥对山药的品质有一定影响，在山药生长期用 0.1% 硫酸锌，或含钙、镁、硒肥水溶液，每隔 10 天喷 1 次，连续喷施 5~7 次，可使块茎的含锌、钙、镁、硒量明显提高，能大大提高山药产品品质。

在 7~10 月叶面喷施 0.1% 磷酸二氢钾 5~7 次，能增强山药抗逆性和抗病性；在 9~10 月喷施 1 次 0.1% 硼砂 +0.1% 硝酸钙水溶液，可增强块茎的韧性。

> **温馨提示**
>
> 进行山药根外追肥，浓度不要超过 0.1%，否则会灼伤叶片，喷施时间以无风的晴天下午为宜。

2）植物调节剂的应用　5 月 20 日前后，是植株抽条、发棵初期和地下块茎基端分生组织形成健全期，可叶面喷洒细胞分裂素稀释液，如细胞分裂素 500~800 倍液，6 月 5 日前后可再喷洒 1 次，也可加喷萘乙酸 + 芸薹素内酯，以加快各部分器官的细胞分裂，使地上茎叶尽快展开、抽条、发棵，地下块茎基端分生组织尽快形成，并增强其分生能力，为中后期地下块茎的迅速膨大打下坚实的基础。

6 月 20 日以后，正处在地上茎叶迅速生长期，地下部块茎分生组织即将进入旺盛期，可叶面喷洒 1 次萘乙酸 + 烯效唑 500 倍的混合液控上促下，促使地下块茎分生组织的形成和发育。因为在此以后，山药在地上部分迅速生长的同时，地下部块茎分生组织也进入生长旺盛期，其基端分生组织周围皮内的细胞开始迅速分裂，体积也不断增大，往往出现上下争夺养分的现象。这时喷洒萘乙酸，就可以促进种栽内的养分加快分解，缓解地上茎叶生长和地下块茎分生组织发育争夺养分的矛盾。

切记，一不可提前用药，二不可随意加大用药浓度，否则，就会出现药害。山药过早过大浓度使用激素的危害症状如图 5-19 所示。

图 5-19　山药过早过大浓度使用激素的危害症状

　　7 月 20 日前后，山药即将进入地下块茎膨大期，地上部分开始减缓生长，地下部分开始形成强劲的生长能力，养分的供应由主要供地上茎叶的生长，逐步转移到主要供应地下部块茎的膨大，是重要的生理转折时期。为防止地上部继续旺长，促进地下部迅速膨大，应进行第二次喷洒萘乙酸，浓度可加大到 300~500 倍。从 7 月 20 日到 9 月上旬，管理的目标是保证地上部分茎叶的重量、功能叶片的数量、叶片鲜重都不再增加，也不能减少。这期间的叶片正处在高功能时期，光合能力强，净光合速率高，制造的有机物质也多，但需要将这些有机物质除供地上部分维持功能消耗外，绝大部分都转移输送到地下供块茎膨大。而这段时间，山药的生长常会出现两种倾向：一是地上部分枝叶继续旺长，影响养分向块茎转移而延缓膨大；二是可能出现早衰。萘乙酸有抑制旺长，防止早衰的双向调节作用，所以 8 月底至 9 月初，应再次喷洒萘乙酸，以促进养分协调供应。

　　9 月 10 日以后，如果山药仍有旺长趋势，就要再喷洒一次萘乙酸 + 烯效唑。不仅可以协调山药正常生长，而且可以促进地下块茎表皮的颜色转深，提高保护性能，增强保护功能，更有利于安全储藏。叶面追肥是促使山药优质高产的重要措施之一，除按上述要求定期喷施萘乙酸外，还要结合防治病虫害，于山药展叶后，每隔半个月喷施一次磷酸二氢钾。如果发现某个阶段叶色转淡，还应及时加喷氮素速效液肥，以补充营养不足。

　　2. 水分管理　山药叶片正反两面均有很厚的角质层，抗蒸腾作用较强，属抗旱能力较强的作物，一般栽植时浇沉沟水后覆土，出苗前可不再浇水。应根据土质及气候情况浇水，出苗后浇水，第一次浇水宜晚，以利根系往下伸展，增强抗旱能力。在华北地区山药产区，从清明到芒种的 2 个半月时间，正是该地区的旱季，所以不仅在山药栽植时必须保证有较好的墒情，而且在栽植以后也要时时注意墒情的变化。如果干旱缺墒，就要及时浇水补墒。有些人认为山药种栽本身水分就够山药出苗使用了，实践证明，这种说法是不正确的，但补墒时也决不能大水漫灌，以防土面下沉塌陷。有条件的可以喷灌、滴灌，无条件的可以人工在垄背上开浅沟浇小水洇墒。如遇大雨，就要及时排水，防止种栽被水浸渍。总之，这段时间一定要保证山药发芽和幼苗生长期能有较好的土壤湿度。

山药发芽期遇雨土面板结，需及时中耕松土，生长前期即使是沙质土也不应浇水，促使块茎向下生长，地下块茎生长盛期要保持土壤湿润状态，不旱则不浇。黄河中下游地区，芒种前后山药上满架后应结合追肥进行浇水。注意立秋前浇水要少要小，以防止茎蔓徒长，促使地下块茎膨大。干旱对山药的影响如图5-20所示。

图5-20　干旱对山药的影响

立秋以后（8月中旬），可灌1次大水（也叫拦头水），有利于山药地下块茎膨大。

山药抗旱怕涝，如果土壤较长时间含水量过高，山药块茎会受水渍而腐烂，所以必须严格掌握适宜的土壤墒情。7~9月正是地下块茎迅速生长期，既要保证适宜的水分供应，又不可使土壤湿度过大。但如果土壤的含水量太低，不能从土壤中吸收有效足够的水分，也会影响生长。特别是当气温高于38℃，土壤又干燥时，会造成茎叶萎蔫，严重影响地下块茎的生长，所以要进行灌水防旱。灌水以保持山药生长的土壤有一定湿度为宜，在旱情出现时，灌水应在早晨进行，浇水不可以过大过猛，以防止山药垄出现塌沟现象。

如遇暴雨、大雨应及时排水，有的山药种植户，一到雨季就将畦垄一端的排水口挖开，以便遇大雨就让其自动排出，是防患于未然的措施。如果地畦较长，可在垄背开小沟排水的同时，每隔30~50米再开横沟，使多余的水通过畦沟流入横沟排出地外。

3. 控制珠芽生长　珠芽生长与地下块茎生长争夺养分，目前无很好的措施控制珠芽生长，可适时人工采摘部分珠芽，以促进地下块茎生长。

4. 及时除草　山药出苗后，生长很快，中耕除草要在早期进行。要求浅耕，只将土壤表面锄松即可。在山药生长过程中，一般杂草的生长也很旺盛，为避免杂草争夺养分，应及时清除，注意不要损伤山药根系。对靠近植株旁边的杂草要用手拔，对行间、沟边的草，可于晴天进行耕锄，待杂草晒干后连锄下的土一起培到畦垄上。

六、山药病虫害绿色防控技巧

（一）山药生产者农药施药误区

1. **不能对症施药**　由于不能正确识别病害症状和害虫形态，缺乏对农药的性能、防治对象、范围、持效期及作用的了解，加之市场上农药名称五花八门，一种药多个商品名称，容易混淆和弄错，严重干扰农民正确使用农药。而有的农民见了病虫害就用上次没用完的药继续施用，也不管是杀菌剂还是杀虫剂，有在发生病害时用杀虫剂、发生虫害时用杀菌剂的现象，有的甚至用除草剂防治病虫，不仅提高了防治成本，而且还延误了最佳防病治虫的时机，造成不应有的损失。因此，在使用农药前，应带上有病虫害的植株到植保部门进行咨询，力求做到对症使用农药。

2. **不能适时施药**　多数农民在病虫害发生初期不能适时施药。在病虫害发生初期危害的症状很轻，此时用药效果好，易防治，且省药省力。一旦大面积暴发后，防治难度大，且需投入大量的农药，增加防治成本，费药费力，防治效果不理想。

3. **盲目防治，经常施用"保险药"**　在调查中发现，一些农民在防治病虫害时，为了预防病虫害，经常施用一些"保险药"，每隔3~5天施1次。到时候就打药，不管病虫害发生轻重，甚至不管是否发生病虫害，造成浪费，环境污染。这也是农民对病虫的发生规律认识不够造成的。病虫害的发生有其规律性，只有掌握最佳防治时机用药，才能节省成本，达到较理想的防治效果。如不到防治指标就不必用药剂防治，即使用农药，也应选择适宜农药，以减少用药次数，降低防治成本，降低病虫对药剂产生抗性的风险。同时应综合运用农业、物理等措施控制病虫害，尽量减少化学农药的使用次数和使用量。

4. **盲目跟从施药**　有的人看到邻居或者村里的"能人"在地里打药，就像得了信号，也不管自己田内有没病虫害，人家打啥药他就打啥药。应该根据自己田里病虫害发生情况，确定打什么药，因地而异。

5. **重防治，轻预防**　"没虫没病，打什么药？浪费钱！"见虫才杀虫，见病才治病。农民对病虫的发生规律认识不够，重治疗，轻预防。一般情况下，低龄虫对农药抵抗力差，随着虫龄的增长其抗药性也随之加大。3龄之前的低龄阶段以及虫量小、尚未开始大量取食危害之前是最佳防治时机。

6. 任意混配农药 为了提高药效，又图省事，有些农民一次将几种农药混配使用，由于不了解农药性质，没有小面积试验经验，常会造成药效降低或发生药害。农药混配要坚持在田间现配现用，先试验，混配时必须先将每种农药先稀释，然后按可湿性粉剂、胶悬剂、水剂、乳油的顺序逐次加入容器中，并在前种农药溶解后再加入后一种农药的原则，如多菌灵和甲基硫菌灵混配使用，这两种药属于同一类杀菌剂，甲基硫菌灵被植物组织吸收后先转换成多菌灵再发挥杀菌效果，这两种药剂混配实际上只是增加了剂量。再如杀虫剂敌杀死（溴氰菊酯）、灭扫利（甲氰菊酯）、功夫（三氟氯氰菊酯）等都属于菊酯类农药；杀虫剂阿巴丁、齐螨素、爱福丁、害极灭、虫螨克等，其有效成分都是阿维菌素；大生、新万生、喷克等有效成分均是代森锰锌。有时不同的药剂因防治对象不同，喷洒方向不同，也不宜混配。因此，生产中如何混配药剂应该听从技术人员指导或先试验确定效果后再混用，不要盲目混配。

7. 杀菌剂不能区分保护剂和治疗剂 在病害发生后，甚至病害比较严重时，有的农民仍然使用保护剂进行防治，且连续多次喷施，结果收效甚微。保护剂在农药标签上注有"广谱杀菌剂"，如大生（代森锰锌）、科博（波尔多液·代森锰锌）、可杀得（氢氧化铜）等，这类农药应在发病前或发病初期使用；如标签上注有"内吸"的则属内吸治疗剂，则该药适于发病后使用，如乙膦铝、甲霜灵（瑞毒霉）、苯醚甲环唑（世高）等。

8. 不掌握农药的交互抗性 如多菌灵、苯菌灵、甲基硫菌灵都属于咪唑类杀菌剂，它们之间一般存在交互抗性，即病菌对其中一种杀菌剂产生了抗药性，再用其他的品种也同样有抗药性。有交互抗性的农药不能交替使用。如对多菌灵产生抗药性的病菌，则不能使用苯菌灵、甲基硫菌灵，可改用乙霉威。保护剂不易产生抗性，和这类农药交替使用，也可取得良好的效果。

9. 重视害虫防治，轻视病害防治 害虫危害比较直观，病害的危害相对较隐蔽，如根结线虫病、根腐病等，发生较严重时才能引起注意，防治中往往顾此失彼，从而重视防虫，轻视治病。应多了解病害发生症状及规律，认真观察，及时防病。

10. 长期使用单一农药品种 "这个药剂效果好，我每次喷药都要用。"主要是种植者对病虫的抗药性没有一定的认识。当第一次使用某种农药效果好，以后就长期使用或连续使用，在一个生长季节内从不更换品种，从而造成病虫产生抗药性，结果药量越大，病虫抗性越强，造成恶性循环，特别是一些菊酯类杀虫剂和内吸性杀菌剂更为明显。每个药剂均推荐在一季或一年内使用一定的次数，通常在标签上有注明，目的就是为了延缓病虫的抗药性。要注意轮换使用机制不同的农药是延缓病虫产生抗药性的有效方法之一，如防治霜霉病的瑞毒霉限制一季使用3次，并配合使用保护剂。

11. 经常施用广谱性菊酯类杀虫剂 农民在防治食叶害虫时往往大量使用菊酯类杀虫剂，导致天敌数量迅速减少，生物链平衡遭到破坏，害虫泛滥成灾。某些菊酯类杀虫药剂会刺激叶螨繁殖，促使雌螨比例增大，延长雄螨寿命，推迟滞育期，增加滞育卵数量。

12. 认为高毒农药就是高效农药，偷偷使用，缺乏安全意识 目前优质农药正向高效、低毒、低残留的方向发展，而不少农民认为毒性高，效果就好，对低毒高效的农药缺乏了解。速效性的农药使用后很快便表现出效果，前面打药，后面就死虫，农民看得很高兴。一些生物农药，如 Bt 乳剂、阿维菌素效果不错，但由于只是杀死虫卵或抑制昆虫蜕皮，效果表现慢，就不为农民所认同。为了追求速效性，有些人通过非法渠道购买剧毒、高毒、高残留农药防治病虫害，尤其是虫害，如用甲胺磷防治害虫，用呋喃丹防治蔬菜根结线虫等，造成了农产品的安全隐患。要按国家颁布的《农药安全使用规定》《农药安全使用标准》《农药合理使用准则》《农药管理条例》等法令规定执行，严禁剧毒、高毒、高残留农药在蔬菜、瓜果上使用，切不可随意扩大使用范围和改变使用方法。

13. 任意加大农药施用量　为了提高防治效果，农药配制时不按比例，不看标签，不用计量工具，没有数量概念，一些农民在施药过程中任意加大用药剂量，随意施药。这主要是农民对农药存在误解，认为农药使用量越多效果越好。施药浓度超过规定浓度，不仅造成浪费，而且易发生药害，同时也加快了病虫的抗药性，如用1.8%阿维菌素乳油防治螨虫，推荐使用浓度为6 000~8 000倍液，实际用到2 000倍液，导致螨虫抗药性增强，并增加了防治成本。

14. 任意减少加水量　有些农民为了图省事，减轻劳动强度，或认为农药浓度大，对病虫的防效就越好。一般来说山药田推荐一亩地用水量为40~60千克。充足的用水量十分重要，因为虫卵、病菌多集中于叶背面、邻近根系的土壤中，而且研究发现，施药药械喷出的药液只有30%~50%能够沉积在山药叶片上，能够落到害虫、病斑上的不足5%。施药时若用水量少，很难做到整株喷施，没有喷到之处的残余卵、病菌很容易再次暴发，加大使用浓度还能强化病菌、害虫的耐抗药性，而且当一亩地的用药量浓缩于一桶水施用，超过安全浓度有可能发生药害，如激素类农药施用过多时，会抑制山药生长或致山药叶片畸形，叶片皱缩卷曲，似病毒病症状。应该根据山药植株大小、长势强弱、密度高低、病虫草害的位置、药剂的性质及喷雾器械的性能等，来确定用药剂量和药液量。

15. 重复施药　有的农民喷剩下的药液舍不得倒掉，再重复喷1次，结果这部分植株因着药较多而造成药害，尤其是生长调节剂，同时还污染环境。应将剩下药液倒掉，不再重复喷施。应根据施药面积决定药液量，特别是最后一次配制尽可能数量恰当，减少浪费。

16. 不看农药登记作物，不分作物使用药剂　有的药剂只适用于某种或几种作物，如用在其他作物上，有可能无效，敏感作物还会产生药害，如敌敌畏对瓜、豆、桃树等易产生药害，尽量不用或慎用。

17. 追求防治效果，购买不正规产品　少部分零售店引导农户购买不正规产品，赚取暴利。现在市场上的农药种类较多，鱼龙混杂，还有一部分"三证"不全及假冒伪劣的农药。这类产品不正规，没有经过严格的正式登记，毒力、药效、残留、毒性、使用方法等均无从了解。虽然有些药剂效果看起来很好，但可能会造成农药残留超标，造成药害、对天敌伤害大、污染水源等问题。同时，这些不正规产品多是一些"山寨厂"产品，经常改头换面或者赚一笔就收手，出现问题无法追踪来源。还有一些农民看到农药标明可治真菌、细菌、病毒等多种病害，或者标签上画了很多害虫，便会被当作是好农药而购买。

18. 将颗粒剂农药泡水后喷雾用　颗粒剂农药的规格、组成等，大都是根据它的防治对象和被保护对象的生物学特点及用药部位的环境条件研制生产的，因而具有很强的专用性、特效性和投放的目标性，当前主要用于地面及地下用药，防治杂草或害虫，严禁浸水喷雾。

19.**粉剂对水使用**　粉剂农药是由一种或多种农药原药与陶土、黏土等填料，经机械加工粉碎混合而成的，粉粒较粗，不易结块，流动性和分散性好。但粉剂不易被水湿润，也不能分散和悬浮在水中，所以不能加水喷雾施用。一般都作喷粉使用，高浓度粉剂可用于拌种、土壤处理或配制毒饵等。

20.**可湿性粉剂用来喷粉**　可湿性粉剂是由一种或多种农药原药和填料陶土等，加入一定数量湿润剂经机械加工粉碎混合而成。其粉碎粉末细度比粉剂好，能被水所湿润，并能均匀地悬浮在水中，其悬浮率一般在60%以上，可使液体药剂充分黏着在植物和有害生物体表面上，使药剂发挥触杀或胃毒作用。可湿性粉剂主要是对水喷雾使用，因为它含有易吸湿的湿润剂，能使药粉结块或成团，故不能作粉剂使用，也不能作毒土撒施或拌种用。因为它的分散性能差，浓度高，易产生药害。

21.**使用失效农药**　农药放久了会因挥发、光解、变质降低药效，挥发性强的农药尤其易失效。有的农民使用往年剩下的农药，这些农药由于瓶盖口松、袋口封闭不严，冬季受冻，夏季受潮，结块混浊，变质。有的甚至把药液放在喷雾器里几天后又用，影响了药效，甚至无效。使用药剂时，乳油要求均匀半透明，无絮状物，无分层，无沉淀，加入水中能自行分散，水面无浮油；粉剂要求不结块；可湿性粉剂要求加入水中能溶于水并均匀分散。如达不到以上质量标准则不能使用。

22.**不能正确使用微生物农药，造成防效差**　一是在温度过低条件下使用。使用生物农药时一般要求应具有较高的环境温度，有些农户在使用时，忽视环境因素的影响，不注意选择在气温较高的天气条件下使用，甚至在冬天和早春寒冷的天气条件下使用，造成防治效果不佳。二是在干燥天气条件下使用，如微生物杀虫剂白僵菌，主要成分是白僵菌活孢子，使用后通过直接接触虫体，或被害虫吃入消化道，在适宜的条件下孢子萌发，在虫体内繁殖，产生白僵素和草酸钙结晶，引起害虫中毒。如果在晴天10~16时高温干燥的条件下使用，效果就会不佳，主要是因空气相对湿度过低所致。因此，应选择在阴天、雨后或早晨等空气相对湿度大时使用。三是使用后下大雨。微生物芽孢最怕大雨冲刷，因为大雨可将喷施的菌液冲刷掉。如果喷施后（5~6小时）遇小雨，不但不会降低药效，反而可提高防治效果，因为小雨对芽孢发芽大为有利，害虫一旦吃后会加速死亡。所以在使用微生物农药前一定听天气预报。四是不避阳光。不避开高温、强光的中午施用，致使药效下降。阳光中的紫外线对微生物属活体农药芽孢有致命杀伤作用，阳光直射30分，会杀死50%芽孢，照射1小时后，芽孢死亡率高达80%，而且紫外线的辐射还导致伴孢晶体变形降低药效，因此要选择在16时以后或阴天使用，效果较好。

23.**在露水未干时喷施**　早晨露水未干时喷药，一是害虫尚未出来活动，起不到防治效果；二是喷药后药剂被露水稀释会降低药效，杀虫效果不理想。

24.**连降几天大雨后即晴、气温骤高的情况下马上喷药**　由于阴雨天，气温低，光照弱，山药茎叶的表皮细胞气孔闭塞，雨后天晴，气温骤高，表皮细胞气孔即刻扩大，吸收量加大，喷药容易造成药害。高温季节如果遇到几天大雨，天晴后不要立即喷药，使山药有个适应过程，最好隔1天再施药。

25. **在大风天气喷药** 有些人认为有风天喷药剂（特别是粉剂或超低容量喷雾的药剂）易随风飘散，效果好。其实大风天喷施农药难以达到目标部位，不仅达不到应有的效果，而且还会严重污染环境。在喷粉时风速不宜超过 1 米／秒，超低容量喷雾时风速不宜超过 3 米／秒。

26. **在高温天气施药** 高温下药液挥发很快，农药不能随水迅速渗透到茎叶组织内部而浓缩，造成药害，同时也易造成作业人员中毒，尤其是毒性高、挥发快、碱性强的农药表现更为明显。应避开中午高温喷药，特别是 32℃ 以上天气，要在 10 时前和 16 时后施药。

27. **在雨天施药** 急于防治病虫害在雨天进行喷药，难以收到预期的防治效果，并造成环境污染。喷波尔多液时，由于铜离子渗透性强，石灰被雨水冲掉，剩下的铜离子腐蚀性很强，极易产生药害。如果使用波尔多液，药液未干就下雨时，雨后应立即补喷 1 次，或喷 80 倍生石灰液。

28. **喷农药时只喷叶正面** 不少农民喷施农药，只喷叶正面，造成农药吸收率低，防治效果差。由于叶背面比叶正面气孔多，并具有较松散的海绵组织，细胞间隙大而多，因此利于渗透和吸收；幼叶较老叶吸收率高，老叶较幼叶易染病。因此喷施时不仅要把叶片正反两面喷匀，还要特别注意对全部叶片的喷施。

29. **喷药时在身体正前方"之"字摆喷雾** 由于在前面喷药，人在喷过药的环境中前进，容易造成农药中毒。另外在喷洒封闭型除草剂时，容易喷洒不均匀，人为踏踩后会破坏药膜，降低防治效果。应将手动喷雾正前方"之"字摆动改为侧向"之"字摆动，机动喷雾器和手动喷雾器在喷洒除草剂时，应采取侧身平行推进喷雾的方式。

30. **施药时将喷头紧贴植株喷洒** 有的农民施药时将喷头对着植株喷，认为这样植株能充分着药，防治效果好，但是事与愿违。由于手动喷雾器采取的是压力雾化方式，药液从喷头被"挤压"出来后，由一个大雾滴再被"拉"成小雾滴的变化过程，一般要经过 30 厘米以上的距离才能够完全雾化，雾滴较小，更容易黏附在植物叶片或虫体上，所以在喷洒农药时，必须保持喷头与作物的距离在 30 厘米以上，避免将喷头贴近作物表面喷雾。另外，喷出的药液对植物表面的冲击力越大，就越容易被反弹回来落到地面。机动喷雾器为弥雾型，直射喷雾将大大降低工作效率，不能充分发挥机动喷雾器雾化好、工作效率高的特点。机动喷雾作业的正确方法应是在作物上方 20 厘米处，顺风实施飘移喷雾。

31. **大雾滴喷雾** 有的农民喜欢大雾滴喷雾，认为这样药液多，防治效果好。这种方法会使喷雾不均匀，特别是影响触杀性杀虫剂的防治效果。大雾滴喷雾还易造成药液流失，植株低矮时，浪费更严重。

32. **任意扩大喷片孔径** 一些农民嫌原配喷片孔径较小，流量不大，费工费时，就擅自扩大喷片孔径，导致喷片孔径不规范，出现大雾滴、偏流量，从而不能均匀喷雾。应事先购买不同规格孔径的喷片，根据需要更换喷片，达到预期目的，切不可擅自扩大喷片孔径，影响喷雾质量和防治效果。

33. **不管什么病虫防治一次就行** 在病虫害发生盛期用杀虫剂、杀菌剂防治一次虽能取得明显效果，但随着农药的流失和分解失效，邻近地块病虫害的影响，仍有发生危害的隐患，应间隔 7~15 天，连续用药数次，才能达到最佳防效。

（二）山药病害的简易识别技巧

1. 病害识别的复杂性　山药在生长发育的过程中，若受不良的环境条件影响，山药的生长发育就会受到干扰和破坏，从而导致从生理机能及组织结构上发生一系列的变化，以至在外部形态上发生反常的表现，这就是病害。如山药遭到根结线虫侵染危害后，根结线虫在植物体内产生的一种酶能溶解细胞间的中胶层，使被害部分细胞组织解体、坏死、腐烂称为软腐病，有些地方叫糊皮病。山药块茎在生长发育过程中，遇到土壤干旱，或生粪块、成簇的化肥、上茬的根茎残留的情况下，块茎出现停止生长，遇适宜生长的条件后，重新变弯生长、分杈生长或呈不规则生长，称畸形块茎；前一种病害是寄生物侵入后所致，后一种病害是由土壤环境不适宜引起的。

由于山药生产的区域性，山药的连年种植等，使其中的病害发生种类多，病程短，来势猛，危害猖獗，造成的经济损失大，且有连续持久的特点。山药生产从某种意义上讲，是持续同病害斗争的过程。及时而准确地对病害做出诊断，对症下药，是一个山药生产者和技术指导者应具备的基本技能。

山药田间的环境复杂多变，发生病害的种类多，给及时准确地识别和诊断带来了困难，特别是下列一些情况的存在，使山药病害的识别和诊断更加复杂化。其具体体现在：

1）环境条件特殊，发生生理性病害较多　连年重茬种植山药，常见病害的典型症状不明显，条件适宜，多种病害混合。上茬作物小麦、玉米都大量施用了多效唑，下茬山药就会出现不同程度的矮化现象。上茬作物使用了除草剂，如杜邦巨星、阿特拉津（莠去津），这些在小麦、玉米地里除草效果好，对小麦、玉米的副作用都较轻的除草剂，若使用时期稍晚或亩用量稍大时，下茬山药就会出现叶片烂边、干边、黄叶、锈根或幼苗畸形的症状。

2）新的病害不断出现，诊断时缺乏经验和资料　山药病害危害周期长、范围广，许多山药病害，由于环境条件的改变，其适应性也相应增强，由原来次要的病害变为主要病害。

3）土传病害发生重　由于逐年重茬种植，使土壤传播病原物在土壤中积累连年增多，危害连年加重，而且难以控制，如根结线虫病，可危害黄瓜、番茄、辣椒、芹菜、茄子、豇豆等38种作物，重病田可减产30%~50%。又如枯萎病、根腐病、黄萎病等，病区逐年扩大，危害逐年加重，产量损失也愈来愈严重。

2. 病害识别窍门

1）做好诊断前的准备　这里所说的准备工作，主要是指被指定或被邀请人员的思想准备。要思考这一时期可能发生的病害有哪些。另外，要把前一段时间发生的异常天气加以回忆，先搞清楚在这一天气条件下，可能发生哪些植株异常，原因是作物往往在气候不正常时发病。

2）全面观察，仔细询问

（1）"望"　在到达工作地点尚未进入山药田之前，要观看山药田周围种植作物种类，周围有没有工矿企业等，如临近种植黄瓜、番茄的地块，就很容易发生霜霉病、叶霉病等。

（2）"问"　在对山药出现的异常症状进行诊断时，必须首先做出是侵染性病害还是非侵染性病害的判断，在做这个判断前要向山药的种植者进行询问。询问要仔细全面，包括种植的是哪个品种（因为现阶段山药种植者盲目引种现象普遍存在，从不同纬度的地区引种，往往不容易成功）；打过什么药，打药的时间和浓度，所用喷雾器原来打过其他药没有；追过什么肥，数量多少，怎样的追法；什么时候浇的水，具体的浇水时间；土壤是否有盐碱，水是否发咸；等等。然后依据山药表现的症状做出是非侵染性病害（生理病害）还是侵染性病害的判断。就一般情况而言，非侵染性病害的发生具有以下典型特点：一是突发性，即在一个较短的时间突然发生，病程较短；二是普遍性，几乎在整个山药田间一个相对集中的区域内所有或绝大部分植株普遍发生；三是相似性，受害植株几乎表现出基本相似或完全相似的症状。至于是哪一种生理病害，可以根据发生的情况，参照有关知识加以判断。此结论一定在取得尽量多的证据之后做出判断。如果不是在全面了解和掌握情况之后做出判断，往往容易出现失误。

（3）"闻"　有一块山药田大面积死秧，从死秧的根茎部看，呈丝麻状，这和枯萎病一样，但种植者反映是植株急速萎蔫，从株体青枯死亡的情况来看，又像是疫病和青枯病。整块山药田普遍发病受害。询问得知土壤既没有盐碱，也没有用含盐量很高的水浇过。经反复询问种植者的周边邻居，得知：是山药种植者的爱人在浇水时将化肥直接撒在山药根部造成的。如果不去做这种细致的调查工作，武断地做出枯萎病、疫病、青枯病的诊断，或者拿到实验室镜检，可能会看出有多重病原物侵染的现象，其结果不仅会造成防治的失误，而且还会浪费人工和农药。

在排除了非侵染性病害的可能性之后，就要做侵染性病害的判断。一般说来，侵染性病害发生少，只在部分植株上发生，而不会在同一区域的大部分植株上同时发生。由于病程较长，可能有多种表现症状，但也有的再侵染速度比较慢或不常发生。比如，山药根结线虫病，可能由于浇水而把虫瘿或虫及虫卵带走，在水流的方向上对植株进行再侵染，但发展速度比较慢，方向性也比较强。又如各种枯萎病，发生再侵染的机会就不多。

（4）"切"　在通过观察、询问，排除非侵染性病害和人为因素的可能性之后，基本明确为侵染性病害，此时就要进一步确定是哪一种类型的病害，是真菌、细菌侵染引起的病害，还是病毒侵入引起的病害。一般真菌性病害的感病部分常表现有黑灰色霉层或灰、白色菌丝；细菌常将感病部位造成腐烂并流脓；病毒侵染后常造成植株异形。但植物病害的种类多种多样，复杂难辨，只有认真观察鉴别，抓住主要的典型症状，才能把它们区别开来。

3）判明病害的主要症状　寄主本身发病后表现不正常状态的现象叫病状。常见的有：

（1）变色　指寄主被害部分细胞内的色素发生变化，但其细胞并没有死亡。主要发生在叶片上，可以是全株性的，也可以是局部性的。

①花叶。叶片的叶内部分呈现浓、淡绿色不均匀的斑驳，形状不规则，边缘不明显。

②褪色。叶片呈现均匀褪绿，叶脉褪绿后形成明脉和叶肉褪绿等。缺素病和病毒病都可以发生褪绿症状。

③黄化。叶片均匀褪绿，色泽变黄。

④着色。着色是指寄主某器官表现不正常的颜色，如叶片变红，花瓣变绿等。

（2）坏死和腐烂

①斑点或病斑。主要发生在叶、茎、果上。寄主组织局部受害破坏后，形成各种形状、大小、色泽不同的斑点或病斑。一般具有明显或不明显的边缘，斑点以褐色的居多，但也有灰、黑、白色等。其形状有圆形、多角形、不规则形等，有时在斑点或病斑上伴生轮纹或花纹等，常称为黑斑、褐斑、轮纹、角斑、条纹、晕圈等。

②穿孔。病斑部分组织脱落形成穿孔。

③枯焦。发生在芽、叶、花等器官上。早期发生斑点或病斑，随后逐渐扩大和相互愈合成片，最后使局部或全部组织或器官死亡称为枯焦。

④腐烂。多发生在植物的柔嫩、多肉、含水较多的根、茎、叶、花和果实上。被害部分组织崩溃、变质、细胞死亡，进一步发展成腐烂。如果组织溃烂时并伴随汁液流出，称为湿腐。如果组织崩溃过程中水分迅速丧失或组织坚硬，含水较少，不形成腐烂，称为干腐。

⑤猝倒。幼苗茎基部，与地面接触处腐烂，地上部迅速倒伏，子叶常保持绿色，如茄类山药猝倒病。

⑥立枯。幼苗的根或茎基部常缢缩成线状，全株枯死。

（3）萎蔫　指寄主植物局部或全部由于失水，丧失膨压，使其枝叶萎蔫下垂的一种现象。萎蔫按其症状和不同的病原物，分青枯、枯萎和黄萎3种。

①青枯。病株全株或局部迅速萎蔫。初期早晚可恢复，但过一段时间后即枯死。病株叶片色泽略淡，但不发黄，故称之为青枯。茎基横切维管束呈褐色并有乳白色菌脓溢出。

②枯萎与黄萎。病状与青枯相似，但叶片多从距地面较近处或一株的一枝一叶开始萎蔫或色泽变黄，病情发展较慢，病茎基部维管束也变褐色，但不溢白色菌脓。

（4）畸形　植株被病原物侵染后，在其受害部位的细胞数目增多，细胞的体积增大，表现为促进性的病变；细胞的数目减少，细胞的体积变小。表现为抑制性的病变，使被害植株全株或局部呈畸形。畸形多数是散发性的叶片皱缩和茎叶卷曲，大多是由病毒引起的抑制性病状。残缺、小叶、缩果、植株矮小等则是各种传染性和非传染性病原所引起的抑制性病状。某些病原物和化学因素可以引起植株生长徒长。一些病原菌能引起花瓣肥肿呈叶片状。

①卷叶。叶片两侧沿叶脉向上卷曲，病叶比健叶厚、硬和脆，严重时呈卷筒状。

②蕨叶。叶片叶肉发育不良，甚至完全不发育，叶片变成线状或蕨叶状。

③丛生。茎节缩短，叶腋丛生不定枝，枝叶密集丛生，形如扫帚状。

④瘤、瘿。受害植物组织局部细胞增生，形成畸形肿大。

⑤霉状物。感病部位产生各种霉。霉是真菌病害常见的病症，它是由真菌的菌丝和着生孢子的孢子梗所构成。霉层的颜色、形状、结构、疏密等变化也大。可分为霜霉、黑霉、灰霉、青霉、绿霉等。

⑥粉状物。这是某些真菌一定量的孢子密集在一起所表现的特征，因着生的位置、形状、颜色等不同，又可分为白粉、黑粉、锈粉等。

⑦粒状物。在病部产生大小、形状、色泽、排列等不同的粒状物，小的如针尖，大的较明显。

⑧绵（丝）状物。在病部表面产生白色绵（丝）状物，这是真菌的菌丝体，或菌丝体和繁殖体的混合物。

⑨脓状物。这是细菌所具有的特征性结构，在病部表面溢出含有许多细菌细胞和胶质物混合在一起的液滴或弥散成菌液层，具黏性，称为菌脓或菌胶团，白色或黄色，干涸时形成菌胶粒。

4）观察症状的表现特点　症状是植物病害诊断的主要依据。通常一种病在其发生发展过程中，先后或同时表现出多种症状，而且有些症状可能是两种以上病所共有的。同一种病害症状因发病时期不同而存在较大的变化，所以不能凭一个症状表现就一次把病害明确下来，需要从多点、多个植株上反复观察，抓住特点，找出典型或代表症状，再做初步确定。

症状的表现特点不是很容易就能看出来的，必须认真观察鉴别，透过现象看本质才可能发现。一般可以从两个方面区别：一是症状的直观特征。与其他病害明显不同的地方，如山药苗期的立枯病和猝倒病同样都是造成死苗，但两种病害的症状有明显不同。顾名思义，立枯病是"站着死"，病部干缩发硬；猝倒病是突然倒伏，病部软烂，由于发病急促，倒伏的植株还保持一定鲜绿。二是症状发生的特定因素，比如适宜发病的时期和发病的条件。

5）根据症状的特点区别同类病害　明确了症状的特点之后，可以把这些特点与同类病害进行比较分析，然后结合自己的实践经验或其他有关资料进行检索。采取对号入座的办法，如果症状和某种病害吻合了，先做初步确定，再从有关资料中找到该病的详细介绍，从该病的病原菌、发病流行的条件、侵染循环和更详细的症状表现中反复加以验证。如是基本符合了，该病就基本可以确定。对于一些未接触过的病害，也须从症状分析入手。症状是寄主植物和病原菌（生物的或非生物的）在一定环境条件下，相互作用的外部表现，这种症状表现各有其特异性和稳定性，如枯萎病慢慢萎蔫，常需 15~20 天。这就是利用病状作为诊断的基础。病症是病原菌的群体或器官着生在寄主表面所构成的，它直接暴露了病原菌在质上的特点，更有利于熟识病害的性质。病症出现的明显程度虽然受环境所影响，但每一种病原菌在寄主病部表现的特征则是较为稳定的。

综上所述，山药病害的症状，虽然有它较稳定和特异性的一面，但在另一方面，同一种病原菌在寄主的不同发育阶段和部位上，其症状有时可能完全不同，同一种病原菌在不同环境条件下其症状表现也有不同，如山药黑斑病在潮湿气候条件下，叶片的病斑迅速扩大和腐烂，干燥时病斑停止发展，组织干枯脆裂。同一种病原菌在各种寄主植物上或同一器官上，形成相似的症状。此外，多种病原菌在同一寄主上并发时，可产生第三种症状。因此，症状的稳定性和特异性是相对的，只有从各个方面对症状考察分析，正确认识病害症状的特征，才能准确地诊断病害。如果反复观察对比，结果无一种同类病害与之吻合，可能有以下两种情况：一是观察到的症状不典型，没有抓到要害，特点不突出；二是属于一种新的病害。前者应继续观察，有的为了使其症状，特别是病斑发生毛霉的症状得到进一步完整的表现，将带有病斑的枝、叶、果等组织放到一个浅盘里。然后加点水，再用碗扣上，放到比较温暖的地方，经 2~3 天再进一步观察，或请有经验的人帮助。如系后一种情况，就要请科研和教学单位进行实验室鉴定。

3. 多方面比较，掌握发病规律 病害的发生规律包括很多方面的内容，同类病害当中在这些内容方面有些相同或相近的地方，也有不同的地方。只有从多方面反复认识比较，才能比较熟悉地掌握一种病害以及其他同类病害的发生发展规律。

1）病原菌 什么病原菌引起的发病。

2）病状发生变化的过程 从初始症状到最后表现的演变过程。

3）侵染循环 从上一个生长季节发病到下一个生长季节再发病的过程。病原菌在何处藏身，又怎样传到新生的植株上。

4）发生、发展和流行的条件 包括温度、湿度、山药生长时期、栽培管理条件等因素。

5）注意积累有关病害发生发展的经验 最好坚持做好笔记、记录，把田间观察到的内容和书上看到的结合起来分析、认识，抓住要点记载下来。

6）注意同类病害的比较认识 找出各自发病的规律和特点，以便于区别。

（三）山药常见病虫害识别与绿色防控

1. 病害 按照"预防为主，综合防治"的植保工作方针，做到提前预防，及时控制。尽量使用无公害农药，减少产品的农药残留，做到无公害生产。

山药在栽培过程中，常受到多种有害生物的侵染或不良环境条件的影响，正常新陈代谢受到干扰，从生理机能到组织结构上发生一系列的变化和破坏，以致在外部形态上呈现反常的病变现象，如枯萎、腐烂、斑点、霉粉、花叶等。引起山药发病的原因，包括生物因素和非生物因素。由真菌、细菌、病毒等侵入植株所引起的病害，有传染性的称为侵染性病害或寄生性病害；没有非传染性的称为非侵染性病害或生理性病害，如旱、涝、严寒、养分失调等影响或损坏生理机能而引起的病害。侵染性病害根据病原生物不同，常见的有以下几种：

1）根腐线虫病

（1）发病症状 见图 6-1 所示。

图 6-1　山药根腐线虫病危害症状（刘红彦　供图）

（2）识别与防治要点

①侵染部位：山药块茎。

②发病时期：山药整个生长期，6月上旬新块茎形成，线虫即开始侵染，随后侵染延续增长，直至收获。

③发病条件：初秋高温季节表现症状，重茬地块线虫基数大，利于病害发生。

④防治：山药下种时每亩用 10% 噻唑膦颗粒剂 3~5 千克做土壤处理。

2）山药根结线虫

（1）发病症状　见图 6-2、图 6-3 所示。

图 6-2　山药根结线虫危害块茎症状

图 6-3　山药根结线虫危害根症状

（2）识别与防治要点

①侵染部位：山药根系和块茎。

②发病时期：山药整个生育期，6月上旬新块茎形成，线虫即开始侵染，随后侵染延续增长，直至收获。

③发病条件：根结线虫在土壤中的分布较广，主要分布在20~40厘米的土层内。土壤15~20℃，田间最高持水量70%左右最有利于线虫侵害。一般沙性土壤发病重，连作年限越长发病越重。

④防治：山药下种时每亩用10%噻唑膦颗粒剂3~5千克克进行土壤处理。

3）山药白涩病　　又名褐斑病、叶枯病、斑纹病。

（1）发病症状　　见图6-4所示。

图6-4　山药白涩病危害症状（刘红彦　供图）

（2）识别与防治要点

①侵染部位：山药叶片。

②发病时期：一般6月开始发病，可持续到10月。

③发病条件：发病的适宜温度为25~32℃，所以高温多雨季节易发病。

④防治：80%代森锰锌可湿性粉剂600倍液，或50%多菌灵可湿性粉剂500倍液喷雾防治，隔7~10天喷1次，连续防治2~3次。

4）山药斑枯病

（1）发病症状　见图6-5所示。

图6-5　山药斑枯病危害症状（王飞　供图）

（2）识别与防治要点

①侵染部位：山药叶片。

②发病时期：6月田间零星发生，8~9月进入病害盛发期。

③发病条件：夏季高温、降水多。

④防治：在发病初期使用70%代森锰锌可湿性粉剂600倍液喷雾防治。

5）山药病毒病

（1）发病症状　见图6-6所示。

图6-6 山药病毒病危害症状

（2）识别与防治要点

①侵染部位：山药叶片。

②发病时期：整个生长期均可发生。

③发病条件：蚜虫等传毒介体传播或者种苗带毒发生。

④防治：喷施吡虫啉等防治蚜虫等传播介体，对病毒病尚无有效化学防治药剂。

6）山药黑斑病

（1）发病症状　见图6-7所示。

图6-7　山药黑斑病危害症状（刘红彦　供图）

（2）识别与防治要点

①侵染部位：山药叶片。

②发病时期：6月初田间零星发病，7~8月进入雨季后发病严重。

③发病条件：6月初田间初发生，7~8月进入雨季后发病严重，病斑变大并且多造成叶片溃烂，高温、高湿的田间条件会造成病害的大发生。

④防治：在发病初期用70%代森锰锌可湿性粉剂600倍液，或50%多菌灵可湿性粉剂500倍液喷雾防治。

7）山药灰斑病

（1）发病症状　见图6-8所示。

图 6-8　山药灰斑病危害症状（王飞　供图）

（2）识别与防治要点

①侵染部位：山药叶片。

②发病时期：6月在田间零星发病，7~8月田间高湿盛发。

③发病条件：田间温度高、湿度大，有利于病害的发生。

④防治：在病害初发生时，可使用50%多菌灵可湿性粉剂500倍液，喷雾防治。

8）山药枯萎病

（1）发病症状　见图6-9所示。

图6-9　山药枯萎病田间危害症状（王飞　供图）

（2）识别与防治要点

①侵染部位：山药茎基部、块茎。

②发病时期：6月田间零星发生，7~8月雨水多，是病害发生的高峰期。

③发病条件：夏季高温、高湿，大水漫灌的田块发病重，连作地发病重，出现阴雨天气时发病重。

④防治：用50%多菌灵可湿性粉剂500倍液对山药种块进行浸种保护，使用90%敌磺钠可溶性粉剂2 000倍液在种植时对土壤进行消毒，70%甲基硫菌灵可湿性粉剂800~1 000倍液在发病初期进行淋灌防治。

9）山药炭疽病　山药炭疽病是山药生产中常见的病害。该病主要危害山药叶片、叶柄及茎蔓。从山药出苗到茎蔓完全枯死，都可以发生危害。高温多雨季节尤为严重，往往是苗期感病后到高温多雨时枯死。若早期防治不好，造成大流行时再防治，效果很差。防治不好的田间发病率一般可达50%左右，严重时可达100%，减产幅度一般为25%左右，是严重威胁山药生产的病害之一。

（1）发病症状　见图6-10所示。

图6-10　山药炭疽病危害症状（刘红彦　供图）

（2）识别与防治要点

①侵染部位：山药叶片、叶柄和茎蔓。

②发病时期：6月初田间零星发病，7月中旬雨季来临后进入盛发期，8月是炭疽病发生最严重的时期。

③发病条件：降水量是病害流行的决定因子，连阴雨天气有利于病害的流行。没有进行支架管理的山药田，田间环境郁闭，降水后易形成局部的高温、高湿小气候，有利于病害的发生。

④防治：零星发病时，用5%菌毒清水剂1 000倍液、40%氟硅唑乳油1 000倍液、15%苯甲·丙环唑乳油1 000倍液等交替使用，对炭疽病进行预防，如遇多雨天气，雨后应及时补防。

2.虫害

1）蛴螬　蛴螬是金龟子幼虫的统称。前期以幼虫在地下将山药从茎基咬断，在山药生长中后期取食根茎，形成缺刻或孔穴，根茎短小，降低了山药的等级和品质。施用未腐熟厩肥、玉米秆等的地块发生更为严重。

（1）危害症状及害虫形态　见图6-11、图6-12所示。

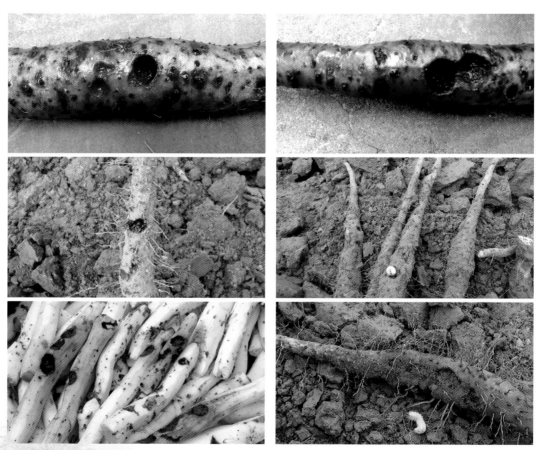

图6-11　蛴螬危害山药块茎症状（刘红彦　供图）

图 6-12　蛴螬

（2）识别与防治要点

①危害部位：山药块茎。

②危害时期：6月初田间发现危害，7月下旬和8月为盛发期，进入9月，危害渐轻。

③防治：播种时，每亩用50%辛硫磷乳油100克拌饵料3~4千克，撒于播种沟中，或用50%辛硫磷乳油2 000倍液浇灌播种沟。

生长期，每亩用炒香麦麸4~5千克，加入90%敌百虫晶体30倍水溶液150毫升，再加入适量的水拌匀，于傍晚撒于田间，施用毒饵前先灌水效果更好。

2）甜菜夜蛾

（1）危害症状及害虫形态　见图6-13所示。

图6-13　山药上甜菜夜蛾危害症状（刘红彦　供图）

（2）识别与防治要点

①危害部位：山药叶片。

②危害时期：6月初田间发现危害，7月下旬和8月为盛发期，进入9月，危害渐轻。

③防治：采用黑光灯诱杀成虫。人工捕杀幼虫。可轮换使用10%虫螨腈悬浮剂800~1 000倍液、20%虫酰肼悬浮剂500~600倍液、5%氟铃脲乳油800~1 000倍液或25%灭幼脲悬浮剂1 000倍液喷雾防治，每次用药间隔10天左右。

3）叶蜂

（1）危害症状及害虫形态　幼虫群集取食叶片，低龄幼虫取食后，仅剩叶脉和一层薄膜，高龄幼虫取食后，仅剩叶柄和主脉。大发生时，几天之内可造成山药叶片严重缺损，影响块茎产量，见图6-14所示。

图6-14　叶蜂危害山药症状（刘红彦　供图）

（2）识别与防治要点

①危害部位：山药叶片，幼虫群集取食叶片。

②危害时期：整个生长期。

③防治：在 1~2 龄幼虫盛发期，选用可用 40% 辛硫磷乳油 800~1 000 倍液喷雾防治。

（四）综合防治

对病虫害不应只注重于杀死，还要注重于调节。在防治上要从生态学观点出发，在管理上主要创造不利于病虫害发生的条件，减少或不用化学农药，保护天敌，提高自然的控制能力，确保山药生产的稳定。防治方法主要可分为以下五个方面：植物检疫、农业防治、生物防治、物理防治、化学防治。

1. **植物检疫**　包括国际检疫和国内检疫两方面。在出口时，要严禁带有危险病虫的种子、种苗及农产品等输出。在国内，将局部地区发生的危险病虫种子封锁在一定范围内，并采取消灭措施。

2. **农业防治**　农业防治是基本的防治措施，是贯彻"防重于治"的主要途径。要运用优良的栽培管理技术措施，促进山药的生长发育，以达到控制和消灭病虫害的目的。

1）合理轮作　连作易使病虫害数量积累，使危害加剧，通过轮作可以改变病虫的生态环境而起到预防效果。

2）深耕细耙　可促进山药生长发育，同时也可以直接杀死病虫，如冬耕晒垡、清洁田园、清除田间杂草及病虫残株落叶，破坏病虫隐蔽及越冬的场所，将病株落叶收集烧毁，可以减少病虫害的发生。

3）合理施肥　通过合理施肥促进植物的生长发育，增强其抗病虫的能力或避开病虫的危害期。一般增施磷、钾肥可以增强植物的抗病性，偏施氮肥对病虫发生影响最大。

4）选育抗病虫害品种　不同山药品种对病虫害的抵抗能力往往差别很大，选育抗病虫害、优质高产品种是一项经济有效的措施。

3. **生物防治**　利用自然界的种间竞争和"天敌"等消灭害虫，以达到防治的目的。主要包括以下几个方面：

1）利用寄生性昆虫　寄生性昆虫，包括内寄生和外寄生两类，经过人工繁殖，将寄生性昆虫释放到田间，用以控制害虫虫口密度。

2）利用捕食性昆虫　主要有螳螂、步行虫等。这些昆虫多以捕食害虫为主，对抑制害虫虫口密度起着重要的作用。

3）微生物防治　利用真菌、细菌、病毒寄生于害虫体内，使害虫生病死亡或抑制其危害植物。

4）动物防治　利用益鸟、蛙类、鸡、鸭等消灭害虫。

5）不孕昆虫的应用　通过辐射或化学物理处理，使害虫失去生育能力，不能繁殖后代，从而达到消灭害虫的目的。

4. **物理防治**　选用黑光灯或性诱剂进行诱杀；或用套袋、涂胶、刷白、填塞等对病虫进行隔离防治；精选种子，去除虫瘿、菌核等（非物理防治）；利用热力、太阳光进行消毒，以及应用放射性元素等。

5. 化学防治 化学防治即药剂防治，是防治病虫害的重要应急措施之一。一般杀虫药剂不能杀菌，杀菌剂不能杀虫，只有在个别情况下，才具有双重作用。

1）方法措施

（1）喷粉、喷雾 把药剂配成药粉或药液来喷洒，常用于地上部茎叶病虫害的防治。

（2）拌种 把药粉直接拌在种子上，如山药虎皮病、炭疽病及立枯病的防治。

（3）浸种 把种子浸在药液中浸后下种，如根结线虫的防治。

（4）毒饵 将毒药拌在某种害虫喜欢吃的食物中进行诱杀，常用于地下害虫蝼蛄、金针虫、地老虎的防治。

（5）土壤处理 将药剂喷洒在土壤中，以杀死害虫或病菌等。常用于地下害虫的防治。

2）病虫害科学防控 综合防治是根据山药的生长特性和病虫害的危害规律，结合栽培技术与田间管理进行的，以提高山药的防虫抗病的能力为基础，以便把病虫害控制在最低危害限度，减少山药产品农药残留等有害物质积累，减少污染，确保生产出符合一定标准要求的山药商品。

（1）科学用药方法

①学会病虫害测报。每种病虫害都有其发生条件、发生规律、防治时机，通过对某种病虫害的田间调查、观察、饲养或培养，可以确定其大发生时期或防治关键期。在不同时期有针对性地施药，药效可显著提高。

②按防治指标施药。病虫危害到什么程度开始施药效果最好，应以农业部门或农业技术人员发布的病虫害防治指标为准。

③挑治。在生产上，常有个别植株或个别枝叶病虫害局部危害，或因漏打农药造成局部危害，造成的损失并不太大。出现这种情况，可通过细致的田间调查，详细记清病虫害发生严重的行、株号，只对个别植株、个别枝叶进行喷药，这就是挑治。这样做省工、省药，而且有利于天敌的繁衍，保持温室山药田间的生态平衡。如果把局部危害当全田危害来施药，既浪费了人工、农药，污染了环境，又杀伤了天敌，得不偿失。

④减少不必要的用药。有些药属于可用可不用的药，如在整地前，一些从未种过山药的地块，就没有必要进行土壤处理。此外，有些生产者喜欢把几种效果相近、性质相同的农药混合在一起，觉得放心。其实，目前市售杀虫、杀菌剂大部分都是厂家复配剂型，看似一种药剂，实质是多种药的复配药，更有一药多名现象。另外，多种农药混合常有减效作用，所以，不应这样用药。

⑤轮换用药。如果在一块山药田间连续多次使用某种农药，极易使病虫害产生抗性，打药的浓度加大，投资成本提高。据统计，我国山药产区，螨虫对有机磷农药的抗性已提高5~10倍。因此，轮换使用杀虫、防病机制不同的农药，可以有效地延缓和抑制病虫害产生抗药性，尤其是易产生抗药性的螨类，更要注意经常更换农药品种。

⑥抗病品种。不同品种,对某种病虫害有不同的反应和抗性，这是由其遗传性所决定的。具体来说，山药品种间对病虫害的抗性有强弱之分，选用抗病品种可收到省投资、少污染、护天敌等一举几得的

效果。

⑦选择无病种栽生产。据观察，山药种栽不带病、管理科学的山药田，至山药收获时种栽完好者，不但产量高，而且病害轻。

⑧不宜随意提高药液浓度。部分生产者认为，打农药时，如果按农药标签上规定浓度施用，效果不明显，应该提高浓度。任何一种杀虫、杀菌剂都有其规定使用浓度，该浓度是由权威部门指定的植保专家经多年、多点试验后才确定下来的比较经济可靠的使用浓度。在多数情况下，超浓度用药，其防治效果不一定随浓度提高而增强，相反会产生药害和影响天敌。从最终防治效果来说，如果一种农药能杀死50%的害虫，同时，又不伤天敌时，其防效要比能杀死99%的害虫，但杀害了天敌的农药要好得多。有时感到用药效果不好，不一定都是由于浓度低，而多半是因打药质量不高所造成的。

⑨调整用药期。有些生产者仅凭经验，定期打药，打安全药、保险药，这是对资金、劳动力的浪费，既增加了对环境的污染，也不利于天敌的繁衍。应在益虫、害虫比例低，或病虫害种群数量达到防控指标时，才选择用药。

⑩合理混用农药。农药混用，不但有利于防治同时发生的多种病虫，而且可防止病虫产生抗性。哪些农药能混用，哪些农药不能混用，可通过查表确定。在霜霉病、角斑病、白粉虱同时发生时，可将能混用的选择性的杀菌、杀虫剂混配使用，既降低投资，又减少用工，还可收到一喷多防的效果。切记混配农药时，一要考虑到对目标害虫的效果，二要考虑对人畜及环境的安全。在混配时，决不能把作用机制和防治对象相同的药剂混用，更不能把多种农药或有机合成农药与强碱农药随意混合，避免产生药害和减效。

（2）采用选择性农药　这类药属于生理选择性强的农药，这些药剂都有保护天敌、减轻对环境污染的良好作用，经常在生产无公害蔬菜时使用。这类农药有：昆虫生长调节剂；微生物农药；选择性杀螨剂；选择性杀蚜、杀蚧剂；人工合成的性信息激素；植物源杀虫、杀螨、杀菌剂；人工合成的抗生素类农药；弱毒疫苗；动物源农药。

（3）改进施药方式　对田间安装有水肥一体化设备的地块，选择内吸性的杀虫剂或杀菌剂结合浇水进行灌根施药等方式，既省工、省力又省钱。

七、山药收获与储藏

（一）收获

1. 收获前的准备　山药收获是先将支架和枯萎的茎蔓一起拔掉，接着抖落茎蔓上的零余子，并全部收集起来。再将绑在架中的架材抽出，整理好，消毒后进行储存，以备翌年使用。将拔起的枯萎茎蔓和地上的落叶残枝，全部清理干净，集中处理，以免茎蔓和残枝落叶所带病菌扩大感染，尤其是重茬种植的田块，更需谨慎行事，消除病原。地面清理干净之后，开始挖沟收获山药。

收获之前，将山药铲、旧编织袋、石灰粉等，应该准备的工具用品全部备好。

小块山药地，可以选晴天，一次收完，或是按计划收完。商品基地大面积栽培的山药，收获前应与收购单位、挂钩市场或外销部门联系好收购事宜，并准备好车辆，以便收获作业开始后，人到车到，紧密联合，统一指挥，分工协作，各负其责。要按顺序一棵一棵地收，运输、包装等活动都应井然有序，将山药的伤害和损失减少到最低限度。根据商家的要求，将若干根山药扎作一捆，或若干根山药装作一筐，一次到位。也可以将收获的山药直接储藏入窖，或就近上市。

2. 山药成熟标准及收货时间

1）成熟标准　长江流域和黄河中下游地区在霜降后收获。霜降后叶片枯萎时（图7-1），即可收获。但是如果市场行情好，也可以提前采收，虽然产量低，但是生产效益不一定低。但需要注意的是提前采收的山药块茎，含水多，易折断，如不急于上市，或者缺乏储藏仓库，或者因为市场行情不好，可在地里保存过冬、越夏，待需要时再刨收。山药收刨前，可先将架材和地上茎蔓拔除，抖落零余子（图7-2），清扫整理，除留作繁育种栽的，皆可拿到市场出售。并且将架材和茎叶分开，剔除架材糟朽部分，捆紧保管，备翌年消毒后再用。因地上茎叶常带有病菌、虫卵，所以一定要清扫干净，集中焚烧，消灭病虫害的源头。

图 7-1　山药植株成熟枯萎

图 7-2　抖落零余子

2）收获时间　山药是收获时间比较长的药食兼用作物。一般采收分5种情况：一是根据市场需求和田间长势决定，8月以后，如果市场价格看好，即可根据市场需求情况，收刨出售（图7-3），这时收刨虽产量有些损失，但由于售价高，从经济效益来看，还是比较合算的；二是病害发生较重的地块，地上茎叶已现出衰败迹象，经试挖已经发现块根感病，就必须抓紧收刨，以争取最大栽培效益；三是在正常情况下，则要等到霜降至立冬以后，地上部茎叶全部干枯，才能收刨；四是随收刨随出售；五是在山药收获季节行情不好的情况下，先收获地面以下30厘米山药芦头，或在地面上铺设地膜或者麦秸、干草等物保温，防止山药芦头冻坏，在原地地下活体保鲜，到翌年再待机收刨出售或加工（图7-4）。山药的食用部分，在地下30厘米以下的深土层内，一般是不会受冻害的，可以安全度过整个冬天。一直可以等到翌年开春再收刨，也可以等到5~8月市场行情较好时收刨。

图7-3　8月上旬收获的槐山药

图7-4　活体保鲜至翌年6月收获的槐山药

3. **收获山药的方法**　根据具体情况而定。如果是全部翻耕的地块，可在山药地的一头，紧靠山药开一深沟，一棵一棵地剔除芦头，将山药周围的土剥离，慢慢提出。谚云："刨牛膝看条，刨山药看毛。"看毛，就在紧挨山药刨深过程中随时观察山药毛根变化，如果突然没有毛根了，说明已刨到接近山药下端，即可将山药毛根割断。用手握住山药中部，慢慢提出，平放地上。收获时，在山药地的一头，顺行挖深 70~80 厘米的沟，然后顺次将山药小心挖出，防止损伤，去净泥土，折下上部芦头储藏作种栽。

1）半机械化收获　用挖掘机改造山药收刨机，先从山药田一边开沟，先人工剔露山药芦头，就从每行的一端开锹，再铲离其两侧的土，使山药块茎裸露出来，用手握住根茎中部，轻轻提出，平放地上（图7-5、图 7-6）。

图 7-5　用挖掘机挖去山药一侧土

图 7-6　人工取出山药块茎

在收获中，要特别注意保护山药芦头，并正确地截下山药芦头。山药芦头一经切下，就应在断面蘸好石灰粉或 70% 代森锰锌超微粉，及时进行杀菌消毒。

2）人工收获　人工挖掘山药，使用山药铲进行作业，十分费力、费工，一个人一天只能挖 40 米长的沟，即使青壮劳力也不会超出 50 米，即 150~200 根。山药块茎是与地面垂直向下生长的。所有的侧根则基本上和地面平行生长，而且，离地面越近，根越多，颜色愈深，根愈长。块茎深入地下较长的山药品种，一开挖就应把深度挖够。即是先挖出深 1~1.5 米，宽 60 厘米空壕（图 7-7），空壕挖好后，才能根据山药块茎和须根生长的分布习性，挖掘山药。根据这些生长特点，挖掘时先将块茎前面和两侧的土取出，直到根的最尖端，但不能铲断茎背面和两侧的大部分须根，尤其是不能将顶端的嘴根铲下。一旦铲断嘴根，整个块茎则失去支撑，随时都有断裂成段和倒下的危险。因此，一直要等挖到根端后，才能自下而上铲掉块茎背面和两侧的须根。在铲到嘴根处时，用左手握住山药上部，右手将嘴根铲断。左手往上一提，右手则要握好块茎中部，以免折断。也可以从山药垄一端开沟，逐棵挖刨（图 7-8）。

图 7-7　挖空壕

图 7-8　逐棵挖刨山药

3）水掘法　采用水掘法虽然能提高 3~4 倍的效率，但只能在透水性和排水性较好的沙丘地上才能采用。因为注水收获使沙土与块茎结合得更紧密了，本来翌年不准备深耕的地块也必须深耕，这就增大了翌年的种植难度。用水掘法收获的山药，块茎表面干净，因而很受用户的欢迎。

4. 收获时期与技术　一般从当年 8 月到翌年 4 月都可以进行山药收获。通常是按收获的时间不同分为夏收、秋收和春收。从山药的品质考虑，晚收比早收好。即是在叶片枯凋期再延后一些日子收获，会使块茎更为充实，块茎表皮也会变得更硬一些，收获中的伤害会减少。

在山药收获适期，如果没有合适的客商配合收购，或劳力不足时，北纬 40° 以南地区可以暂时不收，仍将山药留在田间，只是在冬前应用土将山药沟盖上，盖土应依地区的不同而采用不同的厚度，等待机会再说。如在山东济宁一带，盖土厚度为15厘米左右。也可以盖上塑料薄膜，保护山药嘴子不被冻害。豫东地区农民的经验是：对待翌年收获的山药，在入冬前收获地面以下30厘米的山药嘴子，储藏留种用，入冬后山药的食用部分，在地下30厘米以下的深土层内，一般是不会受冻害的，可以安全度过整个冬天，等待机会再说。也可以将收获的山药直接储藏入窖，或就近上市。

1）夏收 5~7月收获的山药，当年的新山药还没有完全成熟，所收获的新山药水分大，干物质率低，碳水化合物比10月下旬收获的山药少10%。而且从土中挖起以后最怕太阳直晒，再加之5~7月的温度高，太阳光照强烈，山药块茎很容易失水萎蔫，因此，一定要小心收获。最好是预先联系好市场，做到随要随收，随收随卖。收获时，山药块茎上应多带些泥土保湿，以免失水萎蔫，降低质量。在收获后，也需注意保护，特别是在包装、运送的过程中要小心。可以将枝蔓围在山药四周或盖在上面，一次性送到收购点。收获时，细根不要去掉。越是早收的山药，细根越有活力。因此，不要去细根，而应将块茎连同细根泥土一齐上市，以便保证质量，不致因失水而下降。

夏收的山药不成熟，其优点只是提前收获，提前供应市场。在5~7月高温期所提前收获的山药，含水量大，干物质少，质地脆嫩，口味差，此时收获的山药只能食用，不能药用；只能熟食，不能加工。

在5~7月收获的上年度土壤保鲜的山药，品质最优，此时收获的上年度山药，能药用能加工，能食用。

2）秋收 秋收的山药食用和药用皆宜，"灵气"已足，完全可以满足人们冬春季山药食补的需要。因此，只要有市场，就应该在冬前一次性收获。特别是收购单位不要求生产者自己储藏的，生产者应在留下种薯后，将所收山药全部销售。如果市场销售不好，当地冬季又可以将山药留在田中越冬，就不要急于秋收。

山药的秋收一般在8月中旬至11月上旬进行。此时山药植株地上部分已渐停止生长或枯萎，小块山药地，可以选晴天，一次收完，或是按计划收完。

3）春收 山药的春收，是指在翌年3~4月的收获。依地区的不同，收获时间前后有一个月的差距，但最迟也不能影响春天的播种和定植作业。春季收获的山药优点很多：春天收获山药品质好，营养好，风味好，加工产品质量更好，褐变非常少。

山药收获后，可立即加工，也可略加晾晒，拣出受损伤较严重的山药，先行出售，其余可妥为收藏，待机出售。

收山药是一项很细致又很费力的活，既不能把山药挖断挖伤，又要挖尽，做到应收尽收。

山药历来是鲜干两用的产品：作为鲜用，最重要的是如何常年保鲜，防止霉变，常年供应；作为干品，主要是加工成药材或保健品后，如何防霉腐、防虫蛀，保证任何时候都能满足消费者的需要。

寒冷季节收获的山药应注意防冻。

储存时，将山药芦头、成品断截面及伤口处用生石灰粉蘸一下防止腐烂，置2~5℃阴凉通风处保存（图7-9）。

图 7-9　山药伤口用生石灰蘸一蘸，防止病菌侵染

5. 产品分级与包装　为了增加山药产品的附加值，增加种植收益，进行分级销售是较好的办法。

1）分级标准

（1）极品

①淮山药。单株截取龙头后长度 130 厘米以上，直径 8 厘米以上，质量 7 千克以上，颜色金黄或米黄色，无虫咬，无病斑，无畸形，根毛多；无机械损伤。

②怀山药。单株截取龙头后长 50 厘米以上，直径 5 厘米以上，质量 2.0 千克以上，颜色褐色，上具点片状红色锈斑，无虫咬，无病斑，无畸形，根毛多；无机械损伤。

（2）特等品

①淮山药。单株截取龙头后长度 100 厘米以上，直径 6 厘米以上，质量 5 千克以上，颜色金黄或米黄色，无虫咬，无病斑，无畸形，根毛多；无机械损伤。

②怀山药。单株截取龙头后长 40 厘米以上，直径 4 厘米以上，质量 1.5 千克以上，颜色褐色，上具点片状红色锈斑，无虫咬，无病斑，无畸形，根毛多；无机械损伤。

（3）一等品

①淮山药。单株截取龙头后长度 80 厘米以上，直径 4 厘米以上，质量 3.5 千克以上，颜色金黄或米黄色，无虫咬，无病斑，根毛多，无畸形；无机械损伤。

②怀山药。单株截取龙头后长 30 厘米以上，直径 3 厘米以上，质量 1.0 千克左右，颜色褐色，上

具点片状红色锈斑，无虫咬，无病斑，根毛多，无畸形；无机械损伤。

（4）二等品

①淮山药。单株截取龙头后长度 70 厘米以上，直径 4 厘米以上，质量 1.5~2.0 千克及以上，颜色米黄色或土黄色，无虫咬，无病斑，根毛多；无机械损伤。

②怀山药。单株截取龙头后长 30 厘米以上，直径 3 厘米以上，质量 0.5~1.0 千克，颜色褐色，上具有或无有点片状红色锈斑，虫咬不超过 2 处，无病斑，根毛多，无畸形；无机械损伤。

（5）次品　淮山药单株直径 50 厘米以下，径粗 3 厘米以下，质量 0.5 千克以下，颜色斑驳或褐色；怀山药单株直径 20 厘米以下，径粗 1 厘米以下，质量 0.25 千克以下；有虫咬痕迹或病斑；有机械损伤。

2.**包装**　可以根据山药分级等级，进行分类包装。

（二）储藏保鲜

商品基地大面积栽培的山药，收获前应与收购单位、挂钩市场或外销部门联系好收购事宜，并准备好各种车辆，如长途拉货汽车和短途拉货三轮车，以便收获作业开始后，人到车到，紧密联合，统一指挥，分工协作，各负其责。要按顺序一棵一棵地收，运输，根据商家的要求，将若干个山药扎作一捆，或若干个山药按规定的长度截段装筐、包装，上车、下车等活动都应井然有序，一次到位，将山药的伤害和损失减少到最低限度。

山药的保鲜储藏，就是将刚收刨下来的新鲜山药稍加整理，先储藏起来，目的是保证有足够的鲜品常年供应市场。随着社会的发展，更多的人把它作为蔬菜常年食用，补充营养，延缓衰老，以求长寿。在山药产区，为适应这种需求，人们是把两"立"作为收刨山药的最佳季节：即立冬时节，抢在寒潮来临之前，将山药收刨储藏，陆续供应市场，保证到翌年 5~6 月有鲜山药上市；或者等到翌年立春之后，选择风和日暖的天气将山药收刨，采用特殊办法储藏，经夏季到秋季，保证供应到当年新山药上市，从而达到鲜山药的周年供应。

1.**保鲜储藏原理**　山药在 10 月成熟以后，一直到翌年 3 月，在这长达 5~6 个月的时间里，都处于休眠期。在 10 月前后山药进入休眠初期，还没有完全停止生理活动，还在进行微弱缓慢的呼吸。在这种情况下，根茎富含的淀粉和糖类仍因不停的呼吸作用而不断地分别转化为糖和二氧化碳、水，在此转化过程中，同时放出热量，使温度升高。11 月以后，随着木栓的加厚，根茎的这种呼吸作用进一步变慢减弱，释放二氧化碳和水的作用进一步变小，产生热量的能力也随之变小。这种仅仅处于维持生理活动的休眠期的山药，只要温度、湿度适宜，就既不会因温度高、湿度小而使呼吸作用加快，也不会因温度低、湿度大而发霉变坏，这叫稳定休眠期，这是搞好冬季储藏的根据。也就是说，只要掌握好山药储藏的温度和湿度，就能够达到山药保鲜而不变坏的目的。实验表明，在温度为 2~4℃时，山药会处于完全休眠状态，一切生理活动基本停止。温度过高，山药生理活动就会变得活跃，消耗养分；温度过低，山药就开始变软腐烂，发生异味，失去应用价值。安全储藏山药还有一个重要条件，就是空气相对湿度必须保持在 80%~85%。空气相对湿度过大，山药根茎同样会生霉腐烂，失去或降低商品价值；空气相对湿度太小，储藏环境过于干燥，也会引起根茎内部水分过多地蒸发，呼吸作用加快，使温度增高，加快淀粉转化为糖的速度，不仅会引起不必要的养分消耗，也容易烧堆腐烂。

2. 冬季储藏方法 山药成熟后，于秋末冬初收刨下来的山药，除了立即出售以外，将其储藏起来，陆续供应市场，直到翌年 4~5 月，这叫作冬季储藏，简称冬藏。冬藏的大部分时间正处在山药的休眠期，所以比较容易，可以就地取材，因地制宜。储藏方式也可以多种多样，下面介绍最常用的几种。

1）室内堆藏 这是最简便、最适用的储藏方法，适用于栽培面积小、零星出售的农户。方法是选择室内靠墙角的地方，先在地上铺一层细沙土（秸秆也可），将山药按同一方向在上面放一层，然后铺一层细沙土（或秸秆），再放一层山药，依次摆放 1 米多高，最后在上面铺盖 10 厘米厚的湿沙土（或秸秆、棉毡等），并覆盖塑料薄膜。室内堆藏的优点是可以避免冻害，方便管理，取用自由，便于零星出售。在储藏期间，要经常检查堆内温度，当温度降至 2℃ 以下时应增加保温措施，当温度超过 5℃ 时应适当通风降温。

2）院内沟藏 选择院内适当的地方，按东西方向开挖宽 100 厘米、深 80~150 厘米的浅沟，长度可依山药的多少而定。沟挖好后，先在沟底铺一层细沙，然后横向，即与沟的方向垂直摆放一层山药（较细的山药可放两根）铺一层细沙，再排放一层山药，再铺一层细沙，直到距地面 10 厘米处覆盖细土或沙。如果储藏沟过长，可每隔 150 厘米竖一束玉米秆或其他秸秆，以利于通风散热。随着冬季气温的下降，陆续加厚盖土或秸秆保温，并且经常测量沟内温度，既要防止低温冻伤，又要防止高温烧沟。储藏沟的深浅要适宜，沟太深，储藏初期降温慢；沟太浅，山药易受冻害。沟也不能太宽，否则山药与土壤的接触面过小，不易散热。沙土要偏干，不能太湿。沟里摆放山药的总厚度不要超过 80 厘米，顶上土层厚度要在冻土层以下 5 厘米，以防山药受冻。这样储藏的山药一般可保存到翌年惊蛰前后。挖储藏沟只是当年的临时措施，从长远考虑，也可在仓库内或其他固定地点下挖或上砌 100 厘米深的储藏沟，沟底铺 10 厘米厚的细沙土，然后一层山药一层沙地排放至沟沿 10 厘米处，再用细沙填至口平，这样也可储存 5 个月左右。当然，也要时时防冻、防发热。

3）地窖储藏 这种窖藏的方法很多，可以自建地窖，也可以利用菜窖、甘薯窖，也可以利用其他窖窨。建窖要选择适当的地方，挖深 100~150 厘米、宽 150~200 厘米、长 300 厘米以上的土窖，地面在窖窨四周垒 100 厘米左右的土墙，窖顶棚预制水泥板或木棍，预制板上铺厚 20 厘米以上的玉米秆或其他秸秆再覆土。与窖呈垂直方向摆放山药。内留人行道。关闭窖门后，经常测定窖内温度、湿度，发现异常，随时调节。这种半地下半地上（或全部地下）的窖式储藏，好处是可以随时进入窖内观察管理，而且储量大，存取方便。在土壤黏重、质地坚固的地区，也可建挖井窖。这种窖窨依坡建筑，坐南向北，北面开门，一经建成，即可多年使用。要搞好冬季储藏，还有以下几点需要强调注意：首先，要严格掌握温度。山药的冬季储藏主要是防冻，虽然山药在 0℃，甚至短时间 -4~-3℃ 低温也不会受冻害，但还是需要特别注意，一定要使温度始终保持在2~4℃，尤其是在大雪至立春，即使运到市场出售，也必须采取相应的防冻措施，因为山药一经受冻就会变软，产生异味，影响商品质量。要搞好冬藏，保持适宜的空气相对湿度也是不容忽视的。其次，要实时收刨。就是要在立冬前后，气温降到-3℃之前收刨结束。收刨过晚，一有冷冻现象，山药就会产生褐斑或引起褐变。因为山药一经收刨，就不能从土壤里获得水分和养分，需要靠消耗自身的营养维持生命活动。这就意味着在向衰败的方向发展，不仅促使根茎内的淀粉降解为还原糖，味道转甜，引起褐变，还会使山药抗性减弱，引起青霉菌、镰刀菌等腐生性强的病菌感染，扩大和加快腐烂。如遇天气骤冷，还会引起细胞间隙及细胞体结冰，形成冻害。所以，赶在上冻前收刨完毕是至关重要的。入窖的山药最好是连同山药芦头一起整根储藏，如果必须折去山药芦头或部分带伤储藏的，要在温度较高、空气相对湿度较小的环境里风干，使伤口形成愈伤组织，如在温度为30℃、空气相对湿度为55%的条件下，需要晾晒10天，使创伤处有几层木栓化。也可以在伤口涂抹石灰粉杀菌，但最好是将伤口在烧成暗红色的铁板上灼烧3~4秒，稍加晾晒。

最后，要剔除折断、破皮等带伤痕的山药。因为伤口外露的山药，极易造成感染和腐烂，最严重时会全窖腐坏。所以，入窖时要随时将受创伤的山药拣出出售或加工。

3. **春季储藏**　在翌年立春后收刨储藏的山药叫春季储藏，简称春藏。又因为这样储藏的山药有相当一部分要度过炎热的夏季，所以也有人叫夏藏。春藏山药的方式比较单纯，只有一种方法——冷库储藏。因为春藏山药要经历春夏至秋季，完全处于山药的萌发、生长乃至成熟阶段，而且又处于温度由低到高再到低的时期，稍有不慎，即使储藏温度仅提高0.5℃、温度略有变化，都会引起山药的呼吸作用加强，使碳水化合物、蛋白质和脂肪等营养成分过多、过快消耗而降低山药的营养成分和商品价值。这就大大增加了安全储藏的难度，好在现在有制冷设备，可以建立冷库，使山药的储藏温度始终保持在2~4℃（炎夏也不超过5℃），空气相对湿度保持在80%~90%，就可以保证山药的安全储藏。焦作市种山药的农民，一般是深秋趁其他农活较少时，把山药挖出来储藏，然后根据市场需求和价格逐步投放市场，这样既能提高收益，同时也能保证市场不断有新鲜的山药供应。